なるにはBOOKS
92

動物園飼育員・水族館飼育員になるには

高岡昌江 著

ぺりかん社

はじめに

私は、本をつくる仕事にたずさわっています。これまでに、子ども向けの図鑑《ずかん》のような本から読み物まで、いきものに関する本をたくさんつくってきました。

以前は動物園・水族館は、私にとって楽しい遊びの場にすぎませんでした。本づくりの取材で行くようになってからは、いきものを観察する場になりました。目的のいきものの一挙一動を見逃《みのが》すまいと、1日中同じところに張りついていたこともあります。

やがて、いきものの近くにいる飼育員《しいくいん》が気になり始めました。あいさつをかわし、いきものについて質問すると、仕事の手を止めて教えてくれます。いまでは動物園・水族館は、いきものを観察し、飼育員の方のレクチャーを受ける、私の貴重な学びの場です。

飼育員の方の話は新鮮《しんせん》なだけでなく、「自分の言葉」で語られます。ベテランの飼育員はもちろんのこと、若い飼育員も、いきものや環境《かんきょう》、動物園や水族館という施設《しせつ》についてなど、しっかりした意見を述べてくれます。つねにそうしたテーマを自分に問いかけ、いま現在の答えを出す、という作業をしているのでしょう。

でも、こうも言えるかもしれません。いきものの命を預かる飼育員とは、それほどデリケートな、責任の重い職業だということです。

動物園・水族館で飼育《しいく》されている多種多様ないきものは、自然界の代表選手です。私たちはいきものを知り、生息地の環境《かんきょう》を想像して、地球にくらすのは人間だけではないと心にきざむ。「木を見て森を知る」ことが大事なのだと思います。そのために、いきものを魅力的《みりょくてき》に展示して、見る人の興味と想像力をかき立てる役目を担うのが、飼育員です。

本書では動物園・水族館で働く11名の飼育員の方のお話を、ドキュメントとミニドキュメントで紹介《しょうかい》しました。どのお話も幸運な成功物語のように感じられるかもしれませんが、いずれも自分とたたかいながら前に向かって歩き続けた結果です。正解の見えない真っ暗なトンネルの中で、先輩たちはどのように出口を見つけてきたのでしょう。

2章、3章は動物園と水族館に分けて、飼育員の仕事や心得を紹介《しょうかい》しています。どちらの施設《しせつ》にも共通する部分が多いので、1冊通して読んでみてください。

また、11名のほかにも多くの先輩たちが、応援《おうえん》をこめて本書に協力してくださいました。先輩たちからのメッセージを、あますところなく受け取ってもらえたらと思います。

飼育員をめざすあなたにとって、この本がヒントや支えになったらうれしいです。

高岡昌江《たかおかまさえ》

動物園飼育員・水族館飼育員になるには　目次

[3章] 水族館飼育員の世界

※本書に登場する方々の所属等やいきものの情報は、取材時のものです。

［装丁］図工室　［カバーイラスト］和田治男　［本文写真］高岡昌江

「なるにはBOOKS」を手に取ってくれたあなたへ

「働く」って、どういうことでしょうか？

「毎日、会社に行くこと」「お金を稼《かせ》ぐこと」「生活のために我慢《がまん》すること」。

どれも正解です。でも、それだけでしょうか？　「なるにはBOOKS」は、みなさんに「働く」ことの魅力《みりょく》を伝えるために1971年から刊行している職業紹介《しょうかい》ガイドブックです。

各巻は3章で構成されています。

［1章］ドキュメント　今、この職業に就いている先輩《せんぱい》が登場して、仕事にかける熱意や誇《ほこ》り、苦労したこと、楽しかったこと、自分の成長につながったエピソードなどを本音で語ります。

［2・3章］仕事の世界・なるにはコース　職業の成り立ちや社会での役割、必要な資格や技術、将来性などを紹介《しょうかい》します。また、なり方を具体的に解説します。適性や心構え、資格の取り方、進学先などを参考に、これからの自分の進路と照らし合わせてみてください。

この本を読み終わった時、あなたのこの職業へのイメージが変わっているかもしれません。

「やる気が湧《わ》いてきた」「自分には無理そうだ」「ほかの仕事についても調べてみよう」。

どの道を選ぶのも、あなたしだいです。「なるにはBOOKS」が、あなたの将来を照らす水先案内になることを祈っています。

いきものを飼育し、展示する仕事

動物園飼育員・水族館飼育員

動物園へようこそ！

色あざやかなフラミンゴ

ゴリラは存在感たっぷり

カワウソのなかよし兄弟

彫刻のようなハシビロコウ

不動の人気！　ジャイアントパンダ

遊んだり、寝ころんだり、
仲間といっしょにすごしたり

雪景色の似合うオオカミ

プール大好きホッキョクグマ

オランウータン親子はいつもいっしょ

カピバラ家族のひなたぼっこ

くらべてみよう！

カバとコビトカバ

◉目に注目！

カバ（左）の目は上に飛び出ている。目と同じ高さに、耳と鼻の穴がついていて、これらの部位だけを水面から出して、水に潜ったまま周囲のようすを知ることができる。水中生活に適応した頭部のつくりだ。一方のコビトカバ（右）は、カバほどは水に入らない。目が顔の横についていて、より陸上生活に適応している。コビトカバのからだの大きさは、子どものカバほど。世界四大珍獣*にかぞえられている。

＊世界四大珍獣…オカピ、コビトカバ、ジャイアントパンダ、ボンゴ

ライオンのオスとメス

◉たてがみに注目！

たてがみは、オス（左）だけが持つ厚い毛のかたまりだ。からだを大きく見せて威嚇したり、攻撃から首を守ったりする。メス（右）はオスよりも小柄で、身軽に木のぼりもこなす。ライオンは野生では、オス2～3頭と10頭前後のメス、その子どもからなる群れをつくる。メスは全員が血縁関係にあり、きずなが強い。狩りをするのはメスたちで、オスは群れを守る代わりに養ってもらう。

からだの大きさや顔のつくり、くらべっこしてみると……？

アフリカゾウとアジアゾウ

◉耳に注目！

耳が大きいほうがアフリカゾウ（左）、小さいのがアジアゾウ（右）。ゾウの耳は音を聞くほかに、放熱して体温の上昇を防ぐ役目がある。アフリカゾウは、日光にさらされる熱帯の草原にくらすため、熱がよく放出される表面積の大きい耳が都合が良い。アジアゾウは熱帯でも日陰の多い森林にくらす。そのため、アフリカゾウほど耳が大きくない。鼻先の形も違うので、動物園でよく観察してみて！

ヒツジとヤギ

◉あごひげに注目！

ヒツジ（左）は、細く柔らかい毛で厚くからだがおおわれている。ヤギ（右）の毛は短くて粗い。しかし、ヒツジの毛を刈ると、ヤギとそっくりになってしまう。そこで、あごひげに注目。ヒツジにはないが、ヤギにはふつうあごひげがある。動物園に行ったら、しっぽも見てほしい。ヒツジのしっぽは垂れ下がり、ヤギは上向きに立つ。また、ヒツジは「ベー」、ヤギは「メー」と鳴く。

水族館へようこそ！

キュートな表情のイグアナ

金魚は生きた伝統工芸品

笑う深海生物？　オオグチボヤ

タカアシガニは世界最大種

だれもが知っている魚から、めずらしい海獣まで

アザラシがならんで「こんにちは」

キンメモドキの群れがハート型に

土管の中はアナゴで満室

人魚のモデルといわれるジュゴン

飼育の工夫、展示の工夫

いきものの特徴を伝える展示や看板、仕事道具には飼育員の工夫がいっぱい！

ブロックマンションの住人はだれかな？

右側のろ過器のフィルターは
両手にあまる特大サイズ！

柔らかく水切れの良い網は
金魚専用！

ウツボのゆりかご、ゆ～らゆら

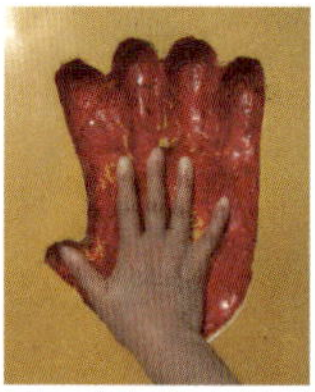

ゴリラの手は
こんなに大きい！

見えそうで見えない……気になる！

健康に飼い、楽しく見せて、伝えるために

飼育員の仕事は、いきものを健康に飼育し、楽しく展示して魅力を伝えること。写真の二つのユニークな水槽展示は、すき間を好む魚たちの習性を利用したもの。ろ過器や網などは、使い勝手の良い市販の製品も活用する。各種取りそろえ、魚の種類やサイズで使い分けている。ゴリラの手型やラクダのパネルは、お客さんのあしを引き止めるのに効果的だ。

1章

ドキュメント
いきものの命を預かる現場

ドキュメント 1 野生動物を担当する動物園の飼育員

27歳で飼育員の道へ 厳しくても行動あるのみ！

日立市《ひたちし》かみね動物園《どうぶつえん》
井上久美子《いのうえくみこ》さん

井上さんの歩んだ道のり

１９８４年、東京都《とうきょうと》生まれ。北海道《ほっかいどう》の畜産系《ちくさんけい》大学を卒業後、レジャー施設《しせつ》に就職。イベントを企画《きかく》運営するうちに「いきものの魅力《みりょく》を伝えたい！」と一念発起、動物園の飼育員《しいくいん》をめざす。公立動物園で契約《けいやく》職員を経験したのち、茨城県《いばらきけん》にある日立市かみね動物園の飼育員となる。「担当しているカバのバシャンは3月が誕生日《たんじょうび》。毎年、好物のおからのケーキでお祝いしています」。

日本最高齢《さいこうれい》のカバを担当

JR常磐線《じょうばんせん》の日立駅前からバスに乗り、「公園口」で降りると、目の前に石段がある。導かれるように上って行くと、鳥居の奥《おく》に神《か》峰《みね》神社がかまえている。境内の裏参道を通り抜《ぬ》ければ、かみね動物園の正門に到着《とうちゃく》だ。

動物園に入って最初に出会うのは、2頭のアジアゾウ、ミネコとスズコ。「うわー、大きい!」。いきなり現れた巨体《きょたい》に、おとなも子どもも思わず声が出る。

ゾウのいる動物園は日本に何カ所もあるけれど、ここでは入ってすぐにゾウ。まさに看《かん》板娘《ばんむすめ》。この新鮮《しんせん》なお出迎《でむか》えは、かみね動物園ならではの特徴《とくちょう》だ。

起伏《きふく》の多い園内の真ん中あたりにくると、開けた場所に売店と軽食のコーナーがある。

その向こうに、大きいプールつきの獣舎《じゅうしゃ》。ここに、かみね動物園のもうひと組の看板娘《かんばんむすめ》がいる。カバのバシャンとチャポンだ。

「小柄《こがら》なほうがバシャン、大きいほうは娘《むすめ》のチャポンです。バシャンは、現在52歳《さい》。日本の動物園にいるカバのなかで、最高齢《さいこうれい》なんですよ」

カバ担当3年目の飼育員、井上久美子さんが紹介《しょうかい》してくれた。

偉大《いだい》なおばあさんカバ、バシャンは1963年、大分県《おおいたけん》の動物園で誕生《たんじょう》して、5歳《さい》のときにかみね動物園にやってきた。そしてオスのドボンと夫婦になって、14頭もの子を授かり、ほとんどを国内外の動物園に送り出している。娘《むすめ》や息子たちも子をもうけ、その子たちがまた繁殖《はんしょく》。いまではあちらこちらの動物園に、バシャンの血を引く子孫がいるそうだ。

1970年代、野生動物の取引を制限する、ワシントン条約が結ばれて以来、野生のカバの輸入も困難になった。しかし日本の動物園から、カバは消えていない。バシャンのような、多産の子育て上手なお母さんたちが、命をつないできてくれたからだ。

バシャンのもとに唯一《ゆいいつ》残ったチャポンは、バシャンが28歳《さい》のときにうんだ14番目の末っ子。まもなく24歳《さい》になる。

「からだの大きさは父親ゆずりですが、チャポンは神経質でおくびょうです。反対に、バシャンは何があっても動じません。チャポンは、母親に依存《いぞん》しているところがあるみたい。もういい年をした、おとなななんですけどね」

ショートカットにキャップという、軽快なスタイルの井上さん。ハキハキしていて、3年目にしてたのもしい印象だ。

奥が母のバシャン、手前が娘のチャポン

じつは井上さん、飼育員としてかみね動物園で働きだしたのは、27歳《さい》からだという。

「それまで、ほかの動物園などを転々としてきて、やっとここにたどり着いたのです」

就職直後に訪れた転機

井上さんは子どものころから、ウマが大好きだった。ウマや動物の勉強をしたくて、あこがれの土地でもあった北海道の畜産系《ちくさんけい》の大学に進学した。

大学で学ぶうち、興味の対象が農業害虫などの昆虫《こんちゅう》へと移った。就職は、北海道の食品会社などを志望し、何社か受けたものの、すべて不合格だった。

そこで、自然関連の職業にターゲットをしぼり就職活動を全国展開にシフト。インターネットで見つけた、静岡県《しずおかけん》にある、野外活動を中心とした子ども向けのレジャー施設《しせつ》に就職をした。

広大な敷地《しきち》を持つ施設《しせつ》では、ウマやヒツジ、ヤギ、ウサギなども飼《か》っていたが、井上さんが配属されたのは企画《きかく》広報部。イベントの企《き》画《かく》や運営、マスコミ向けの宣伝資料などをつくるのがおもな仕事だった。自分に向いていると思えたし、忙《いそが》しくても充実《じゅうじつ》していた。

そんな1年目の夏、不意に転機が訪れる。

小学生を対象にした昆虫《こんちゅう》教室の、インストラクターを務めたときのこと。大学時代に身につけた知識を生かし、昆虫《こんちゅう》採集でつかまえた虫について、子どもたちに解説をした。おどろいたり感心したりしながら、虫を見つめるまなざしが、どんどん真剣《しんけん》になっていくのがわかった。

「私の話を聞いて、虫に興味を持ってくれている。うれしい！　こんなふうに子どもと接して、いきものの魅力《みりょく》を伝えていきたい」

いきもの好きの血が目覚めた。

「動物園の飼育員になれば、そういうことができるかもしれないな」

井上さんは、このときはじめて「飼育員」という職業を意識したという。

遠かった飼育員への道

本当にやりたいことがわかった井上さんは、レジャー施設《しせつ》を2年目の3月いっぱいで退職することに決めた。それまでに、転職先の動物園をさがそうという計画だった。

まず最初に、インターネットで見つけた、神奈川県《かながわけん》の動物園の嘱託《しょくたく》職員に応募《おうぼ》した。結果は不合格。ところが後日、その動物園から声がかかる。ひよこやモルモットのいる、ふれあいコーナーの非常勤職員をやってみないか、と言うのだ。


「嘱託《しょくたく》職員の任期は5年、一方で非常勤職員は2年。どちらも契約《けいやく》職員ですが、この差は大きい。でも、とにかく一歩、踏《ふ》み出してみようと思いました」

ふれあいコーナーは、この動物園の名物で、休日ともなると家族連れでごった返す。飼育員は、動物の世話と健康管理を徹底《てってい》し、動物も人も傷つかない安全なさわり方を教えて、しっかりと目を配る。なにもかもはじめての体験で、すべてが勉強になった。

しばらくすると、ふれあいも楽しいけれど、さわることのできない野生動物の飼育もしてみたい、と欲が出てきた。ちょうど1年勤めて2度目の転職をした先は、同じ県内の動物園の嘱託《しょくたく》職員だった。やはりインターネットで見つけたのだが、今回は「飼料係《しりょうがかり》」とよばれる耳慣れない職種……。

飼料係《しりょうがかり》とは、動物園の管理栄養士兼料理人、という役どころ。動物の健康状態に適した、食事内容と量を飼育員と相談し、業者に食糧《しょくりょう》を注文する。食糧《しょくりょう》が届いたら、野菜やくだものを切ったり蒸したり、魚や肉の重さを計るなどして、動物ごとのメニューに沿って仕分けをしていく。動物に直接かかわらない、飼育のさらに裏方の仕事ともいえる。

飼育員をしている友人に相談すると、「飼《し》料係《りょうがかり》になったら、動物の食べ物にだれよりもくわしくなれる。すごくいいよ」。その言葉に背中を押《お》され、井上さんは飛びこんだ。

実際、生きるうえでもっとも大事な、「食」という営みから学ぶことは多かった。野生動物の歯のつくり、消化のしくみ、どんなふうに食べ物を口に運ぶのか、などなど。

週末に行われる裏方ガイドも、井上さんは心待ちにしていた。お客さんに、食べ物という視点から、動物のおもしろさを紹介《しょうかい》する。やっぱり楽しい。「伝える仕事をしたい」という思いが、ますます高まっていく。

飼料室《しりょうしつ》に食べ物を取りにきた飼育員たちは、いつもイベントや展示のアイデアについて話している。どうすれば、いきものの魅《み》

飼料係のいない園では飼育員がえさを用意

力《りょく》をお客さんに伝えられるか。飼育員の頭の中は、年中そのことでいっぱい。逆に言えば、そのことでいつも頭の中をいっぱいにしているのが、飼育員というものなのだ。

「うらやましいなあ、と思って見ていました。嘱託《しょくたく》職員は、5年経てばやめなきゃいけない契約《けいやく》。年齢的《ねんれいてき》に、あせりもありました」

2年目に入り、飼料係《しりょうがかり》を続けながら、またまた就職活動を再開。公立の動物園には、地方公務員試験の合格が必須《ひっす》条件のところもある。帰宅後、どんなに疲《つか》れていても、最低30分の受験勉強を欠かさなかった。そしてインターネットで募集《ぼしゅう》を見つけては採用試験にのぞんだが、苦戦が続いた。

「飼育員の仕事に就くのは、自分が想像していたよりも難しい。くり返し挑戦《ちょうせん》しても、永遠に採用される気がしなかった。どこかでふんぎりをつけなくては、と思い始めていたときに、かみね動物園の募集《ぼしゅう》を知ったのです」

これが最後のつもりで、でも、あまり期待もせずに試験や面接を受けたという。

「採用通知を手にしたときは、すごくうれしかったです。両親も喜んでくれました」

3回目の転職で、とうとう飼育員への道が開けた。しかも正規雇用《こよう》だから、定年になるまでずっと安心して飼育員を続けていける。井上さんにとってこれ以上ない結果だった。

こわい、が大事

飼育員になった井上さんは、まず半年間の研修にのぞんだ。担当したのは、ライオン、トラ、ビーバー、フラミンゴ、タンチョウ。念願の野生動物、しかも、アフリカとアジアのネコ科の王もいる。さぞかし心はずむ毎日だったろうと思いきや……。

「野生動物とはじめて間近で対面して、『こわい』と思いました。猛獣《もうじゅう》だったので、なおさらかもしれませんが……」

先輩《せんぱい》に率直に打ち明けると、「こわい」という感覚をわすれないようにしなさい、と言

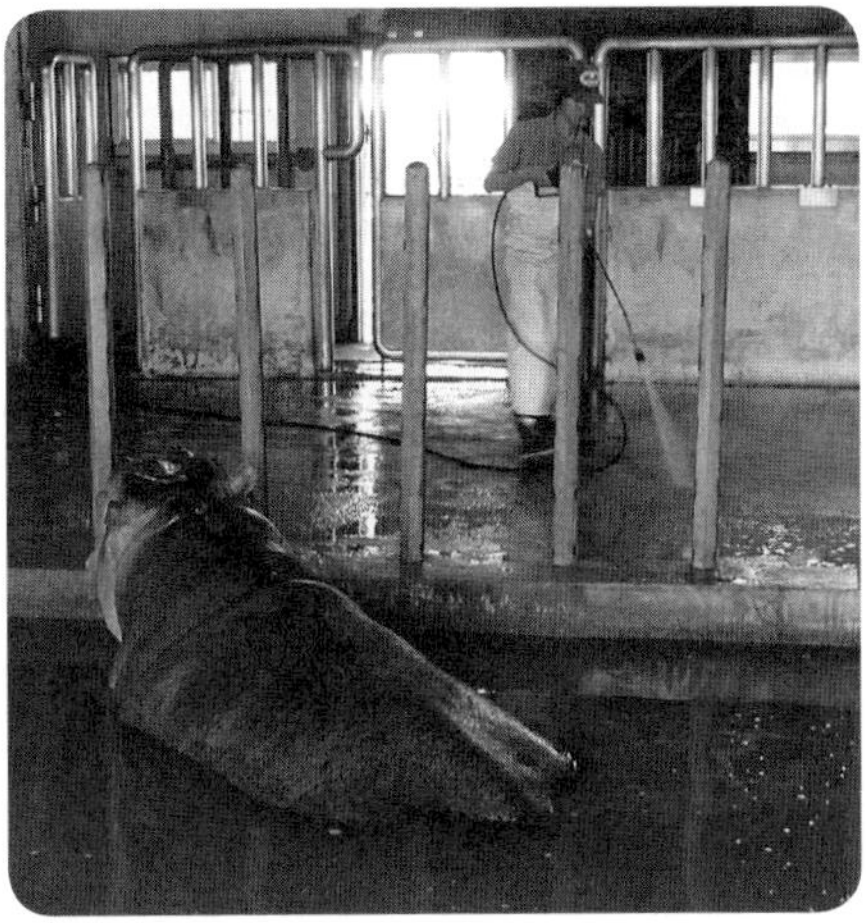
高圧洗浄機で寝室のそうじ中

われた。動物に慣れて、恐怖《きょうふ》を感じなくなると、無意識のうちに緊張《きんちょう》がゆるむ。そんなとき、うっかりミスをしてしまうものだ。
たとえば、獣舎《じゅうしゃ》のカギをかけわすれる、動物に無防備に背中を向ける、など。もし事故が起きてしまったら、いつもはちゃんとしているのに、では言い訳にもならない。お客さんに影響《えいきょう》はなく、自分だけが傷を負ったとしても、自業自得ではすまされない。あれは危険な動物だと誤解が広まったり、それゆえに動きを制限されたり。大好きな動物の一生を台無しにしてしまう可能性だってある。
井上さんは言う。
「動物のことはなんでも知っている、などと言えるのは、人間の思い上がりではないでしょうか。どんな小さないきものも、人間が想像もつかないような能力を秘めている。尊敬

しているからこそ、恐怖《きょうふ》も畏《おそ》れも感じます」

いつも顔を見せると、野太い声で威嚇《いかく》してくるライオンが、静かにこちらを見ている。それは自分になついたからではなく、体調が悪くて声を出せないのかもしれない。

カバのプールのそばに行くと、カバが口をあーんと開けて近付いてくる。遊んでほしいのではなく、あっちへ行け！ と、大きなキバを見せて怒《おこ》っているのかもしれない。

動物の行動には未知の部分が多い。うかつに人間に都合の良い解釈をするものではない。客観的な判断、物理的に安全な距離《きょり》の取り方と、心の距離《きょり》の取り方。こうした感覚的な技術を、人から教わるのはなかなか難しい。時間をかけて動物に向き合い、動物に教わるのが、いちばん早くて確かな方法ではないだろうか。

力仕事もガッツで乗り切って

研修期間も無事に終えた井上さん。正式な飼育員としてライオン、トラ、フラミンゴ、そしてカバを担当することになった。

それまでかみね動物園では、カバやサイは、代々男性が担当してきた。井上さんは、女性初の担当者なのだ。力仕事の多い大型草食《そうしょく》獣《じゅう》は、女性には無理ではないか、という声もあったが、やってみなくてはわからない、やらせてください、と強く志願したという。その日からは毎日が挑戦《ちょうせん》だった。

えさの乾草《かんそう》を入れた40kgもあるケースの移動、カバ舎のそうじに使う、強力な水圧の消防用ホースのあつかい、車のハンドルぐらいあるプールの栓《せん》の開閉、獣舎《じゅうしゃ》のエアコンや自動ドアなど、電気設備のメンテナンス……。

「きつかったけど、無我夢中《むがむちゅう》でした。やっていくうちにコツがつかめて、1年経つと、ひと通りのことを一人でこなせるようになっていた。結構、筋肉もつきましたよ」

力こぶをつくって見せてくれた。

休日ともなると、イベントやお客さんへの対応も増え、井上さんは大車輪で活躍《かつやく》する。

給餌《きゅうじ》やそうじなどの日常的な業務は、休日でもそうでない日でも変わらない。動物は数名のチームで担当しているので、役割分担して効率よく回していく。昼休みや休憩《きゅうけい》時間をけずって、やりくりすることもある。

動物を入念に観察したり、展示パネルの入れ換《か》えをしたりするのは、平日が多いそうだ。どちらにせよ、1日中ほぼ着席することなく、めまぐるしく動き続ける。まちがいなく体力のいる職業だ。

カバのプールの巨大な栓！

伝える仕事へ

ここ最近、身も心も動物園になじんできた。そう井上さんは実感している。おかげで、動物の世話の合間に、「伝える」ことに積極的に取り組めるようになってきた。イベントでのトークも、そのひとつだ。

「サイの角は骨ではなく、皮膚《ひふ》が変化したものです。髪《かみ》の毛や爪《つめ》と同じようなものですよ！」と話すと、お客さんから「えー、髪《かみ》の毛!?」というおどろきの声があがる。「よしよし。サイのトークで角の話題は使えるな」。お客さんの反応を見る余裕《よゆう》も出てきた。

何かひとつだけでも、動物のことを知って帰ってもらいたい。動物に興味を持つ、きっかけづくりができれば、と思う。

ほかにも、手書きのパネルや園のウェブサイトでの発信、マスコミに話題を提供し取材に来てもらうなど、多様な伝える手段を活用する。思えば井上さんは、最初の職場でも企《き》画《かく》広報部員だったのだ。その経験も、おおいに役立っていることだろう。

いま、とりわけ伝えたいのは、日本最高齢《さいこうれい》のおばあさんカバのこと。バシャンは井上さんにとって「動物園の先輩《せんぱい》であり人生の先輩《せんぱい》でもある、あこがれの存在」。自分も年齢《ねんれい》を重ねて、バシャンのような器の大きい女性になりたい、と尊敬する。

サブ担当のサイのイベントも積極的に取り組む

バシャンという貴重な個体を通して、カバに対する理解をもっと深められないか。頭の片すみで、つねにアイデアを練っている。でも、たとえ24時間、このことばかり考えていても、だれにも文句を言われない。飼育員になった喜びをかみしめる瞬間《しゅんかん》だ。

もちろん、つらいできごともある。飼育員が避《さ》けては通れない動物の死。すでに何度か直面してきた井上さんは、バシャンに長生きしてもらいたいと願いつつ、覚悟《かくご》もしている。日立の寒い冬場は、ことさら心配だ。

「毎年、春が待ち遠しくてなりません。早くバシャンの誕生会《たんじょうかい》の計画を立てて、ウェブやマスコミに告知したい。飼育員になってから、春が大好きになりましたね」

プールの中にいる2頭のカバが、口を大きく開けて近付いてきた。これは「マッサージして～」のサインなのだと、いまではもうわかっている。井上さんがバシャンの口の中に手を入れ、ゴシゴシこすって応じる。

おおらかな母親のバシャン、甘《あま》えん坊《ぼう》の末《すえ》娘《むすめ》のチャポン。それから、しっかり者の姉の井上さん。寄《よ》り添《そ》う2頭と一人が家族のように見える。

バシャンへのプレゼント、おからの誕生日ケーキ

＊2017年5月12日、バシャンが亡くなりました。54歳でした。感謝とともにご冥福をお祈りします。

ドキュメント ２ 絶滅危惧種の繁殖に成功した動物園の飼育員

実績のある職場で学び続ける日々

仙台市八木山動物公園《せんだいしやぎやまどうぶつこうえん》
木内明子《きうちあきこ》さん

木内さんの歩んだ道のり

１９９２年、東京都生まれ。大学の農学部で畜産《ちくさん》を学ぶ。ウシが大好きで、学生時代は牧場のアルバイトに熱中し、多くの時間をウシとともにすごした。ウシの親和関係（群れの中でのウシどうしの関係性）を研究した卒業論文で、日本家畜管理学会《にほんかちくかんりがっかい》の優秀《ゆうしゅう》賞《しょう》を受賞。２０１４年より宮城県《みやぎけん》の仙台市八木山動物公園に勤務。現在は鳥類、クロサイ、カバ、ビーバーの飼育を担当している。

シジュウカラガンと動物園

2015年12月に開業した、仙台市の地下鉄東西線、八木山動物公園駅。改札《かいさつ》を出て、ホールを見上げると、天井《てんじょう》に大きな鳥の飛ぶ姿がデザインされている。カモの仲間の渡《わた》り鳥、シジュウカラガンだ。

シジュウカラガンは、八木山動物公園のシンボルであり、誇《ほこ》りである。八木山動物公園は、絶滅《ぜつめつ》の危機にあったシジュウカラガンを飼育して繁殖《はんしょく》させ、野生に帰すという、大仕事をなしとげたのである。

飼育動物の野生復帰は、世界中の動物園・水族館がめざす最終的な目標だ。ヨーロッパバイソン、アラビアオリックス、シフゾウなどの成功がよく知られるが、実現はとても難しい。シジュウカラガンの飼育員の仕事を紹《しょう》介《かい》しながら、野生復帰の成功物語をふり返っていこう。

午前9時半。園内の一画にある、ガン生態園の入り口に、飼育員の木内明子さんが現れた。就職して2年目の木内さんは、シジュウカラガンの飼育班《はん》の最年少である。

さっそく朝の世話に取りかかる。

「シジュウカラガンは神経質なので、端《はし》のほうで静かに見てください。羽根を切ってないから、飛ぶことがありますよ」

注意事項《じこう》を聞いてから、いっしょに生態園に入った。中は広く、通路をはさんで大小いくつもの部屋に分かれている。まず、20羽ほどの群れのいる大部屋に入ると、全長70㎝くらいの鳥たちがかたまって、ヨチヨチ歩いて離《はな》れていった。

黒い顔に白いほお。黒く長い首のつけ根に

木内さんの動きに合わせて群れが移動

白い首輪模様。黒と白の対比がパキッとして美しい。これが、シジュウカラガンという鳥だ。あし指のあいだには、水かきがある。

働きながら学ぶ、知る

木内さんが熊手《くまで》で、青草の食べ残しや落ち葉、フンなどをかき集めながら、少しずつ動く。それに合わせて、シジュウカラガンの群れも移動し、一定の距離《きょり》をおく。

木内さんは、たびたび手を止めて、群れのようすをうかがっている。間合いをとりながら進めるのが、そうじのコツらしい。自分の作業に没頭《ぼっとう》しすぎると、鳥がそばにいても気付かないことがあるので、要注意なのだ。

はきそうじが終わったら、水場とえさのトレーを洗う。長身の木内さんだが、動きは細やか。モップで水場をゴシゴシこするようすも、姿勢が低く力強い。

続いて、高齢《こうれい》の個体やケガの治療《ちりょう》をしている個体のいる療養《りょうよう》部屋を、そっとそうじする。

「鳥って、飛ぶと体力をかなり消耗《しょうもう》するみたいです。飛んだあと、ハ～、って疲《つか》れていることがあるんですよ。だから、この部屋は、羽ばたかせないように、特に気をつけています」

ペアのいるいくつかの繁殖《はんしょく》部屋をそうじしたあと、各部屋にえさの青草を運び、朝の世話は終了《しゅうりょう》。ここまで30分ほどだった。

木内さんは、子どものころから飼育員になるのが夢《ゆめ》で、大学の畜産学科《ちくさんがっか》に進んだ。専門は動物行動学。環境《かんきょう》エンリッチメントとよばれる動物園の動物の生活環境《かんきょう》や、動物福祉《ふくし》などの勉強に力を入れた。

動物園ひとすじという経歴なのだが、「いちばん好きな動物は、ウシ」。大学2年生のときから、乳牛のいる牧場でアルバイトにあけくれ、ウシの群れにどっぷり浸《つ》かっていたそうだ。さきほどの手際の良いそうじぶりは、その経験のなせる業だろう。

一方、シジュウカラガンについては？

部屋のそうじは慎重に（上）。江戸時代には狩りの対象になるほど数が多かったというシジュウカラガン（右）

「動物園に入って担当になるまで、まったく知りませんでした。同じカモの仲間でも、マガモやカルガモは知っていましたけど……」

飼育員でもなじみ深い動物もいれば、最初はそうでない動物もいる。みんな働きながら現場で学び、くわしくなっていくのだ。

羽数回復事業のスタート

八木山動物公園とシジュウカラガンの深い関係に話を移そう。木内さんの大先輩《だいせんぱい》でもあり、野生復帰事業の中心人物だった一人、阿《あ》部敏計《べとしかず》副園長が語ってくれた。

「シジュウカラガンにはもともと、アリューシャン列島《れっとう》で繁殖《はんしょく》してアメリカ西海岸で越冬《えっとう》するものと、千島列島《ちしまれっとう》で繁殖《はんしょく》して日本で越冬《えっとう》するものがいました。19世紀には、仙台市内にも数百羽が飛来して、冬の風物詩として人びとに親しまれていたそうです」

しかし、1935年ごろをピークに数を減らし、いつしかほとんど見られなくなった。

「原因は、キツネです。20世紀の初め、毛皮を得る目的で、繁殖地《はんしょくち》に人間の手でキツネが放たれたのです」

シジュウカラガンは、毎年6～7月の換羽《かんう》期《き》には、羽が抜《ぬ》け落ちて飛べなくなってしまう。このため、ひなだけでなく成鳥もキツネに捕食《ほしょく》されて生息数が激減《げきげん》、絶滅《ぜつめつ》したものと思われていた。

ところがアリューシャン列島にわずかに生き残っていたのだ。それを1960年代にアメリカが保護し、繁殖《はんしょく》に成功。アリューシャン列島では羽数が回復していった。

そこで、千島列島のシジュウカラガンも絶《ぜつ》滅《めつ》させまいと、八木山動物公園は立ち上がった。「ロシア科学《かがく》アカデミーカムチャツカ太《たい》平洋地理学研究所《へいようちりがくけんきゅうじょ》」と「日本雁《にほんがん》を保護《ほご》する会《かい》」と共同で羽数回復事業に乗り出した。

「うちの動物園は、昔《むかし》から鳥の飼育が得意で、繁殖賞《はんしょくしょう》を受賞するなど実績がありました。すぐれた先輩方《せんぱいがた》がいたから、『やってみっぺ』と、大規模なプロジェクトにも前向きになれたのでしょう」

羽数回復事業のためにつくられたガン生態園

八木山動物公園ではガン生態園を建設し、１９８３年、アメリカからゆずり受けた９羽のシジュウカラガンの飼育を開始。85年に、はじめて繁殖《はんしょく》して以降、順調に個体数を増やしていった。

成功をもたらした転機

最初の転機は、１９９２年。前年にソビエト連邦《れんぽう》が崩壊《ほうかい》してロシア連邦《れんぽう》に変わり、外交が活発に行われるようになり、日本とロシアも、容易にいききできるようになった。

「92年にロシア科学アカデミーに、シジュウカラガンの飼育施設《しせつ》が開設され、八木山のスタッフが飼育指導におもむきました。94年には、八木山で繁殖《はんしょく》したシジュウカラガンを、種鳥《たねどり》としてロシアに運び、それらの放鳥を95年の夏から開始。私が放鳥チームに参加したのは、このときからです」

放鳥は毎年、つぎのような手順で行われた。夏、シジュウカラガンを八木山からロシアに運ぶ。ロシアのスタッフとともに、ヘリコプターで千島列島のエカルマ島《とう》へ運んで放す。冬、宮城県に飛来する数を調査する。

放鳥地をエカルマ島に決めたのは、天敵のキツネがいない、シジュウカラガンの食べる植物が豊富にある、などの理由からだった。放鳥する個体には、目印の足輪をつけた。そして飛来数の目標を、１０００羽に設定した。

はじめて放鳥を行った95年は、宮城県への飛来数はゼロ。翌96年もゼロだった。

「わすれもしない97年の12月31日。大崎市《おおさきし》の伊豆沼《いずぬま》に、足輪をつけたシジュウカラガンが４羽飛来している、と連絡《れんらく》を受けたのです。放鳥チームのメンバーと、抱《だ》き合って喜びましたね」

これで軌道《きどう》に乗ったかと思いきや、98、99年は再びゼロ、２０００年は1羽……。結局、６年間に１１９羽放鳥したうちの、わずか５羽しか宮城県に渡《わた》ってこなかったのである。

放鳥チームは原因を調査して、意外な事実をつきとめた。

「エカルマ島で放鳥したものが、千島列島のほかの島に移って、越冬《えっとう》していることが、調査であきらかになりました。それで宮城県まで南下してこなかったのです」

どうやらシジュウカラガンを長い期間、飼育下に置くと、渡《わた》りをするという本能よりも、食べ物のある場所に留まって生きる、適応力のほうが勝ってくるらしい。渡《わた》りの習性が薄《うす》れていくというのだ。

ならば、飼育日数の浅い、0〜1歳《さい》の若鳥に限定して放してみてはどうか。放鳥チームは新たな考えを打ち出した。

「2002年から若鳥の放鳥を始めました。これが第二の転機になりました」

飛来数が増えた！

しかし03年、04年と飛来数ゼロが続く。あきらめかけた2005年に、第三の転機が訪れた。この年の冬、例年にない寒波に見舞《みま》われたことにより、シジュウカラガン11羽が宮城県に渡《わた》ってきたのだ。すべて若鳥のときに放した個体だった。

11羽のうち渡《わた》りを覚えた7羽は、つぎの年に子を引き連れてやってきた。それ以来、孫、ひ孫と年々数を増していき、08年に繁殖《はんしょく》個体、つまり足輪をつけていない野生個体の数が、放鳥個体を大きく上回ったのだ。

「これで渡《わた》りが定着したと確信し、2010年に放鳥は終了《しゅうりょう》となりました」

おどろくべきは、東日本大震災《ひがしにほんだいしんさい》のあった、2011年の冬。大規模な地殻《ちかく》変動が起きたから渡《わた》ってこないのではないか、という人間の心配をよそに、なんと前年の倍近くも飛来したのだ。阿部さんは興奮《こうふん》ぎみに語る。

「うれしかったですねえ。この年から飛来数が飛躍《ひやく》的に増え始めて、2014年、ついに目標の1000羽を超《こ》えました。1000という数は、いきものがひとつの個体群を維持《いじ》していくのに必要な、最低限度の指標といわれています。本当に夢《ゆめ》のようです」

シジュウカラガンは絶滅《ぜつめつ》の危機を脱《だっ》した。日本、ロシア、アメリカで協力して展開した羽数回復事業は、成功を収めたといえる。

これからの仕事

2016年3月、シジュウカラガンの飛来数は2677羽を記録。阿部さんは言う。

「30年間、あきらめずに続けてきてよかった。ただ、自然の営みは一度こわれたら、人並《ひとな》みの努力をしたぐらいでは元にもどらないのだな、と思い知らされました」

成功の要因は、三つの転機のほかにもあった。シジュウカラガン自身の強さだ。野生に対する順化力が高く、野生個体は太っていて毛づやもいい。それに、日本で越冬《えっとう》して春に千島列島に帰るまで、ほぼ死んでいない。

「動物園の動物の野生復帰は、うんと遠い目標のようだけど、実現することができました。われわれのつぎの役目は、この事実を多くの人に伝えることです」

現在、八木山動物公園は、「日本雁《がん》を保護する会」と協力して、講演会などをはじめ伝えるための活動に取り組んでいる。駅のホールのデザインも、仙台市をあげてのピーアールのひとつなのだ。

また、八木山動物公園の獣医師《じゅういし》でもある、

副園長の阿部敏計さん（左）と獣医師の釜谷大輔さん

広報担当の釜谷大輔《かまたにだいすけ》さんは、子どもたちに向けての発信に力を入れている。得意の版画で製作したシジュウカラガンの紙芝居《かみしばい》を配布したり、県内の大崎市にある飛来地で観察会を開いたり。

「専門的なことは阿部副園長に、動物園にいるシジュウカラガンのことは担当飼育員に任せている。ぼくの役割は、シジュウカラガンに会いに動物園に来てもらう、きっかけづくりです」

それから、と釜谷さんは続ける。

「このままシジュウカラガンが増え続けていくと、いずれ生態系に影響《えいきょう》が出るかもしれない。害獣《がいじゅう》あつかいされる日がくる可能性もあります。そのとき、排除《はいじょ》ではなく共生の努力ができるように、自然保護の意識を高めたい。未来のために、という使命感もあります」

今後もいろいろな方法を模索《もさく》し、根気強くアプローチを続けていくつもりだ。

受け継《つ》ぎ、伝えていく

こうしてシジュウカラガンの野生復帰を成功させた、八木山動物公園で働く木内さん。勤務が始まる前に、その事業は終了《しゅうりょう》していたとはいえ、貴重な歴史を受け継《つ》いでいくために、彼女《かのじょ》はいま、おおまかに二つの目標を立てている。ひとつは、シジュウカラガンの魅《み》力《りょく》をお客さんに伝えていくこと。

「シジュウカラガンは結構気が強くて、繁《はん》殖《しょくき》期にはちょっと近寄るだけで、オスにかまれたり、怒《おこ》られたりします。それだけ、メスや卵を守る気持ちが強いんだと思う。ペアの愛を知ってもらえると、お客さんにも親しみを持ってもらえるんじゃないかな」

春、ひながかえる時期に合わせて、ガイドやトークイベントなどを開いたら、と考えている。そのなかで、放鳥事業の歴史についてもふれることができそうだ。

もうひとつは、シジュウカラガンの血統の管理にたずさわること。八木山動物公園は、「種別計画管理者」といって、国内の動物園で飼《か》われているシジュウカラガンの血統を把《は》握《あく》し、新しいペアをつくるさいの責任者としての役目を担っている。

現在、国内で飼育されているシジュウカラガンは、最初に渡《わた》ってきた7羽の血を引く個体が多いため、血が濃《こ》くなっている。今後は極力遠い血すじのオスとメスをペアにして、繁殖《はんしょく》を試みる必要があるそうだ。そうした血統管理の知識も、くわしく学んでいきたいと、持ち前の探究心がわく。

鳥には鳥のおもしろさ

ところで、八木山動物公園にはウシがいない。大好きなウシの飼育をできないことについて、木内さんはどう感じているのだろうか。

「ウシを飼《か》っている動物園が少ないのは、学生時代から知っていました。口蹄疫《こうていえき》などの伝染病もあり、ウシを飼《か》うこと自体、簡単ではありませんからね。もし飼《か》えたらうれしいですけど、そこはあまりこだわっていません」

と、冷静だった。牧場も魅力的《みりょくてき》だったのだが、大学3年生のときに動物園の実習を体験し、飼育員1本にしぼる決意をした。それから動物園について勉強を始め、子どものころからの夢《ゆめ》をかなえたそうだ。

それに、「担当してみると、鳥には鳥の飼育のおもしろさがある」と、木内さんは言う。

たとえば鳥の繁殖《はんしょく》は、卵をうんで、それを抱《だ》いてあたためてひながかえる、というふうに、生まれてくるまでの変化が目に見えてわかる。妊娠《にんしん》したら、あとは出産を待つだけ、という感じの哺《ほ》乳《にゅう》類《るい》の場合とは、違《ちが》う楽しみを味わえるということだ。

毎日の決められた業務にはだいぶ慣れてきたが、繁殖《はんしょく》のような特別な仕事の機会は、年に数回しかない。長く飼育員を続けていく以外に、経験値を上げる方法はない。

「いまは、担当している動物たちのことを、もっともっと学びたいです。将来は、いろいろな研究や、シジュウカラガンの野生復帰のようなプロジェクトにも、チャンスがあれば参加してみたいと思っています」

木内さんは目を輝《かがや》かせて語った。

シジュウカラガンについては、2025年までに日本への飛来数を2万羽に、という新たな目標があるそうだ。いずれは、かつてのように仙台市内でも見られるようになれば、との願いもある。

すぐには結果が出なくても、続けていれば可能性も夢《ゆめ》も広がっていく。飼育員の仕事とは、きっとそういうものなのだろう。

八木山動物公園駅の天井にはシジュウカラガンが舞う

ドキュメント 3 全国から金魚好きが押し寄せる水族館の飼育員

いきものとの距離をちぢめるきっかけをつくりたい

アクアマリンふくしま 安《やす》田《だ》純《じゅん》さん

安田さんの歩んだ道のり

1961年、神奈川県生まれ。水産系の大学を卒業後、東京《とうきょう》都《と》葛西《かさい》臨海《りんかい》水族園《すいぞくえん》に勤務。1998年、福島県《ふくしまけん》いわき市《し》にあるアクアマリンふくしまのオープンにともない転職。2000年のオープン以降、魚の飼育とビオトープや植物の管理にたずさわる。現在の担当は金魚、淡水魚《たんすいぎょ》、日本の植物、ビオトープ（BIOBIOかっぱの里、縄文《じょうもん》の里）など。高校、大学時代はバイオリン演奏にも熱中していた。

水族館名物、金魚まつり!

8月のお盆《ぼん》の初日。水族館の入り口に、長い行列ができている。まだ開館前だというのに。家族連れ、若者、中高年グループと、顔ぶれも幅広《はばひろ》い。

ここは、福島県いわき市の小名浜《おなはま》漁港のそばに建つ水族館、アクアマリンふくしま。今日は年に一度の名物イベント、「金魚まつり」の日だ。

金魚まつりは、飼育員が育てた金魚を販売《はんばい》する即売会《そくばいかい》と、高級金魚すくいの二本立てのプログラムからなる。2002年から始まり、水族館ファンから金魚マニアへと、評判が広まっていった。いまでは全国の金魚好きのあいだでは、夏の風物詩となっている。

そんな金魚まつりを中心となって仕切る人物が、飼育員の安田純さんだ。金魚まつりの人気の理由を教えてくれた。

ひとつは、提供される金魚の品種の多さだ。だれもが知る和金《わきん》、出目金《でめきん》、琉金《りゅうきん》。玉さば、浜錦《はまにしき》、桜錦《さくらにしき》など、ペットショップではめったに見られないめずらしい品種。津軽錦《つがるにしき》、庄内《しょうない》金魚、大阪《おおさか》らんちゅう、土佐金《とさきん》といった、ご当地ものとよばれる超貴重《ちょうきちょう》な品種。合わせて30品種以上もそろっている。

これらの金魚の質が高いことが、二つ目の理由だ。質が高いとは、健康状態が良いという意味。安田さんたち飼育員が、卵から愛情たっぷりに世話をしてきたのだ。

三つ目は、金魚の値段が相場の半額以下だということ。つまり、良い金魚を安く買えるというわけだ。

「水族館でたくさん繁殖《はんしょく》させても、選別に選別を重ねて、展示用に残すのは、ほんのわずかなのです。選別にもれた金魚を、ほしい人に提供できないかと考えて、始めたのが金魚まつりでした」

ねらいを定めた金魚愛好家たちが、開館前から行列する労を惜《お》しまず、押《お》し寄せてくるわけだ。

熱心に金魚を選んでいた地元の男子中学生は、小学4年生のときからの常連。30匹《ぴき》ほどの金魚を2、3匹《びき》ずつ小さな水槽《すいそう》に分けて飼《か》い、学校から帰って世話をするのが日課だ。「金魚はここでしか買わない」と、きっぱり。

金魚展示のきっかけ

お客さんと会話を楽しみ、人と金魚のいる光景に目を細める安田さん。2000年に営業開始したアクアマリンふくしまの、オープン前からたずさわり、準備をしてきたスタッフの一人だ。その前に10年間、べつの水族館に勤務していたから、安田さんの飼育員としてのキャリアは、25年以上になる。

人工ビーチや、広大なビオトープがあり、釣《つ》り堀《ぼり》で釣《つ》った魚を食べたり、寿司屋《すしや》さんがあったり。独創性の光る、アクアマリンふくしまだが、その特徴《とくちょう》がもっとも現れているのは、館内に入ってすぐのエントランスだろう。

その場所は、天井《てんじょう》までガラス張りの吹き抜《ふぬ》けになっていて、背の低い円形の水槽《すいそう》が配置されている。水槽《すいそう》の中には金魚、金魚、金魚。ふんだんに太陽の光を浴びて泳ぐ姿は、優雅《ゆうが》で美しい。そして、まるまると太って大きい。頭にこぶのあるジャンボ獅子頭《ししがしら》は、体長30cmを超《こ》すものもいる。

「広い水族館ではあまり感じませんが、もしこれが家のリビングに1匹《ぴき》いたら、子ネコぐらいの存在感はありますよ」

安田さんは笑う。

大きいから、顔もよくわかる。ネコっぽいのやイヌっぽいの、人間みたいなの。口をパクパクしながら、丸い目でこちらを見つめ、「えさちょうだい」とアピールしてくる。なんともいえず、キモカワイイ。こんなに堂々と金魚を展示している水族館は、ほかにない。

「じつは、オープン当初から金魚がいたわけではないんです。2002年に開いた金魚の企画展《きかくてん》が、想像以上に反響《はんきょう》が大きかったので、常設展示に踏《ふ》み切りました」

企画展《きかくてん》では、金魚で有名な香港《ほんこん》の水族館の

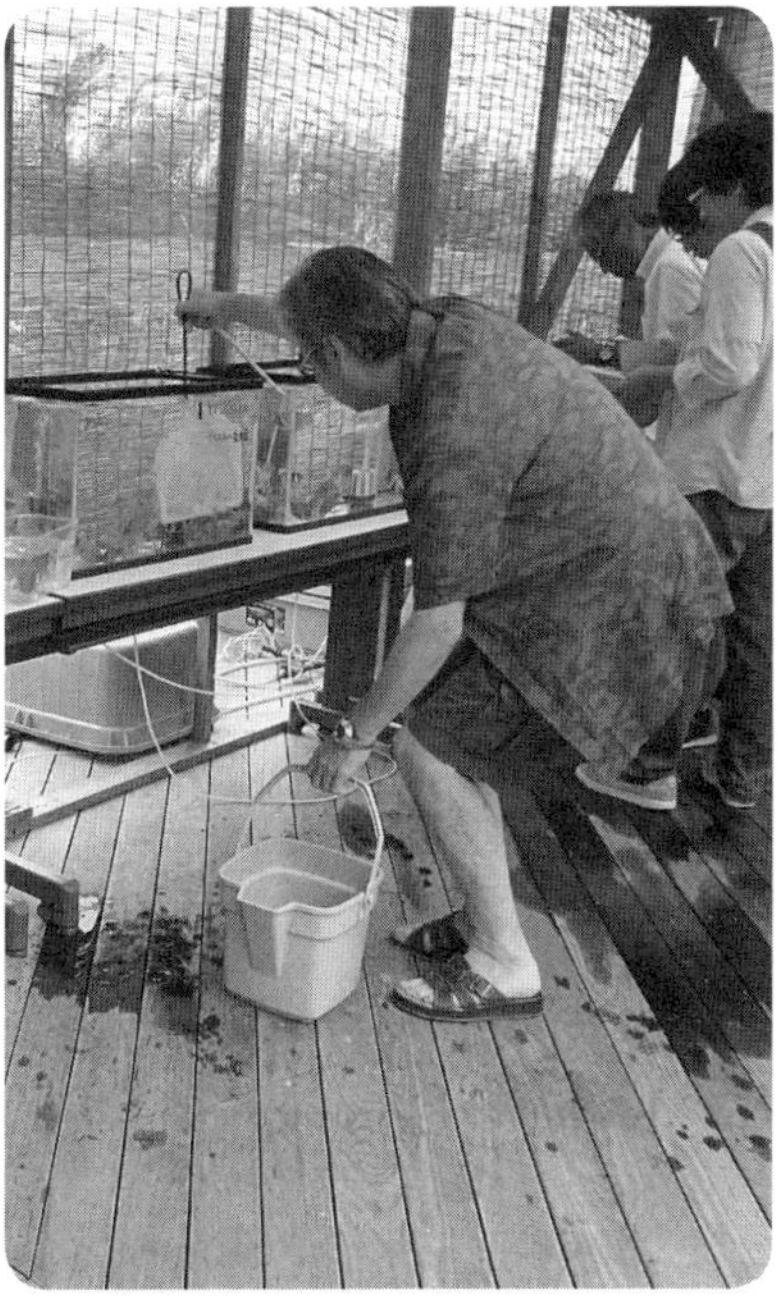

金魚まつりの即売会（上）と高級金魚すくい。みんな真剣！

金魚のいる華やかなエントランス

展示を参考にしたり、日本各地の生産者（金魚を養殖《ようしょく》、販売《はんばい》している専門業者）から金魚を集めたりした。その後、バックヤードを整えて金魚を繁殖《はんしょく》させ、04年から現在のような常設展示をスタートしたという。

特徴《とくちょう》ある円形の、オブジェのような展示水《すい》槽《そう》にも、何か工夫があるのだろうか。

「大きめの水槽《すいそう》にして、ヒーターとクーラーをつけて、そうじや水温の管理をしやすくしています。また、水槽《すいそう》を低くして、小さな子どもさんにも、上からでも横からでも見てもらえるようにしました」

ただし、と安田さんは続ける。

「水槽《すいそう》のパネルには、品種名しか書いていません。なぜなら、この場で金魚の勉強をしてもらう必要はないからです。絵や彫刻《ちょうこく》など、芸術作品に接するときのように、まず、見て、感じてほしいですね」

心を動かしてもらうことが、いきものとの距離《きょり》をちぢめる本当のきっかけになる。興味がわいたら、家で飼《か》うことだってできるのだ。

金魚を常設展示する意義は、そこにある。知識は、本やインターネットで調べれば、いくらでも補充《ほじゅう》できるのだから。

1日の仕事

安田さんは金魚のほかに、淡水魚《たんすいぎょ》や屋外のビオトープなどを担当している。ふだんの日の仕事を追いかけてみよう。

8時 淡水魚《たんすいぎょ》エリアの植物の水やりとそうじ。散水しながら散った葉を床《ゆか》に落として、ブロワー（集じん機）で集めて、ほうきとちりとりで回収。

8時30分 屋外の広大なビオトープの木の剪定《せんてい》。その後、ブロワーで遊歩道の落ち葉をそうじ。

9時 バックヤードの金魚に、朝のあいさつをしながら、えさをあげる。

10時 造園中の屋外展示場の点検。植物を生い茂《しげ》らせて自然に近い池をつくり、淡水魚《たんすいぎょ》を放す計画だ。

11時30分 デスクワークや昼食。

13時30分 バックヤードへ。金魚の給餌《きゅうじ》、プラ舟《ふね》とよばれる飼育ケースのそうじ、水の交換《こうかん》、ろ過器の洗浄《せんじょう》など。

15時 デスクワーク、会議、金魚チームのミーティングなど。

17時30分 閉館、帰宅。

金魚に関しては、おもての展示水槽《すいそう》をほかの飼育員が担当し、安田さんはおもにバックヤードを引き受けている。

大型の水槽《すいそう》を一つひとつ回り、豪快《ごうかい》にえさを投げ入れる。勢いよく食いつく金魚たちを見つめるまなざしは、職人のように鋭《するど》い。

プラ舟のそうじには、長靴《ながぐつ》がかくれるほど

バックヤードには引退した金魚の養老水槽などもある

長い、ビニール製のエプロンを着用。まず、金魚を網《あみ》ですくってべつの水槽《すいそう》へ移動。水を抜《ぬ》いたプラ舟の汚《よご》れをスポンジやブラシで落とし、ホースの水で流す。ろ過器を分解し、砂、ろ材、マットなどを水洗いする。圧倒《あっとう》されるほどの水量、流れるような手つき……。

「やっていることは、家庭での水槽《すいそう》の世話と変わりません。でも、これだけ水を使えて、床《ゆか》も水びたしにできると、楽ですね」

　金魚と同様に安田さんが熟練しているのは、植物の管理だ。オープンのさいには、外部の造園デザイナーといっしょに、どんな木や草を植えるか、一から検討したという。

「植物は、水族館の多様な仕事のなかでも、すきま的な分野。めずらしい魚や海獣類《かいじゅうるい》などは、担当したい人がいくらでもいる。でも、植物をやりたがる人はあまりいない。そこが気に入っています。ぼくは専門家ではないけど、やっていれば身につくものです」

　だれかがやらなくてはならない。だけど、あまり希望者のいない仕事。それは自分から興味を持って取り組めば、やりがいをたっぷり味わえる仕事、とも言える。

金魚の飼育は農業と似ている⁉

金魚の飼育と繁殖《はんしょく》は、植物を栽培《さいばい》するようなもの、と安田さんは言う。

「ぼくとしては、農業に近い感覚です。野菜でもくだものでもそうだけど、農作物は間引きをして味の良いもの、大きいものに育てますよね。金魚も選別という間引きをして、理想的な色や形のものをつくりあげていく。どちらも、引き算なんですよ」

さらに、金魚の繁殖《はんしょく》にも、豊作と不作の年がある。やはりいきものだから、気候などによる影響《えいきょう》を受けやすいのだ。

1年間の成長や世話のしかたも、農作物のように季節に応じて変わるという。

・春は産卵期。卵と、孵化《ふか》した稚魚《ちぎょ》の世話に追われる。

・夏は成長期。えさをたくさんあげて大きくする。水の管理にもっとも気を使う時期。

・秋は充実期《じゅうじつき》。金魚がいちばん過ごしやすく、色がいちばんきれいになる。品評会に出かけて勉強し、来シーズンの産卵に向けて始動。

・冬は休眠期《きゅうみんき》。寒さを感じないと卵をうまないため、じょじょに水温を下げていく。金魚は不活発になるので、世話をしすぎない。

安田さんのてがけた植物が生い茂る館内

季節ごとに、えさを微妙《びみょう》に変えたりするのもおもしろい、と安田さん。水温調節により、春を早めたり遅《おそ》くしたりして、産卵期を設定することもできる。季節感があるところ、人間がコントロールしやすいところなど、世話の面でも金魚は魅力《みりょく》が多い。

育てる、つくる、守る

金魚は野生のいきものではない。飼《か》うだけ、繁殖《はんしょく》させるだけなら、ノウハウが確立されているし、技術的にもそれほど難しくない。それこそ家庭でも十分可能だ。

難しいのはその先の、引き算や環境《かんきょう》の管理をして、美しい金魚を「育てる」こと。そのために、まずは親金魚を選ぶ必要があるのだが、考え方はいろいろだという。

「本当にきれいなオスとメスをかけ合わせる、という方法もひとつの手です。でも、それほど美形ではない親金魚から、良い子が生まれる場合もあります。親としては優秀《ゆうしゅう》な金魚もいるんですよね」

果てしなく奥《おく》が深い。これは、という親金魚をさがしあてるのは、勘《かん》と経験とセンスがものをいう。まさに職人の世界。

美しい金魚を育てる以上に難しいのが、新しい品種を「つくる」ことだ。安田さんはこれまでに、桜《さくら》ブリストルという品種をつくった。ころんとした体高のあるからだに、大きいハート形の尾《お》びれを持つ。

新しい品種をつくるときは、べつべつの品種の金魚を親にして産卵させる。成長とともに間引きをしてイメージに合うものを残し、残ったものをつぎの親にして、同じ作業をくり返す。こうして体型やひれの形、色、模様などを完成させ、高い確率で理想の金魚が生まれるように、定着させていくのだ。

この過程で、イメージ通りではないが、おもしろいものが出てきたら、すくい上げて育ててみることもある。そんな遊び心は、水族館だからこそ。

金魚をつくる難しさを知る安田さんが、大切に思うことがある。それは伝統的な品種を「守る」こと。津軽錦、大阪らんちゅう、江《え》戸錦《どにしき》などは、一度は絶滅《ぜつめつ》してしまったが、金魚を愛する人びとの努力で復活させてきた。

「いなくなったものをつくり直すには、いろいろな品種を交配して、試行錯誤《さくご》を続けなくてはならない。ものすごくエネルギーがいる。それでもあきらめなかった先人がいたんですよね……」

金魚にも流行があり、人気の落ちた品種は生産が減って絶滅《ぜつめつ》の道をたどる。しかし、過去最大の絶滅《ぜつめつ》の原因は、第二次世界大戦《だいにじせかいたいせん》だったのである。人間の食べ物も、命の保証さえもない時代に、数多くの品種が絶やされてしまったのだ。

金魚は、人間の生活に余裕《よゆう》がないと飼《か》えない。そういう点では、平和の象徴《しょうちょう》と言える。だからこそ、新しい品種を追いかけるだけでなく、いまいる品種を守り、未来へ受け継《つ》いでいくことも怠《おこた》ってはならない。

育てる、つくる、守る。金魚にたずさわる飼育員の使命の三本柱と言えそうだ。

金魚は伝統工芸品

いまでは金魚の達人といわれる安田さんだが、若いころには未熟な時代もあった。

「金魚って死ぬんです。苦労して手に入れた希少な金魚を、たった3日で死なせてしまったこともありました。自分の技術が足りない、自分にはまだ飼《か》えないんだって、思い知らされた。くやしかったなあ」

しかし、どんないきものでも、死は避《さ》けられない。尊敬する先輩《せんぱい》たちも、みんな同じような経験をして学んできた。そのことに気がついてからは、肩《かた》の力が抜《ぬ》けたそうだ。

また、大きいジャンボ獅子頭を亡くしたときは、くやしさとはべつに、「金魚にも育てた人にも、申しわけない」と思った。ここまで育て上げるのに、どれだけ手間ひまかかったことか。金魚の成長に一喜一憂《いちゆう》する日々が目に浮《う》かんだ。

「金魚は、いわば伝統工芸品のようなものです。ちょっとしたことで、形がくずれてしまう。命さえ失ってしまう。はかないものだとわかっていながらも、つくり手は、持てる技術と魂《たましい》を注ぎこまずにいられません」

そうして長い年月をついやして完成させたものには、それだけの価値がある。金魚は、伝統工芸品。絶やさず受け継《つ》いでいく努力を

えさは何種類かまぜて与える

する価値が、金魚にはある。

金魚が結ぶ人と人

2011年3月11日の東日本大震災《だいしんさい》で、アクアマリンふくしまは大きな被害《ひがい》を受けた。屋外の半地下にある金魚のバックヤードは、津波《つなみ》が入りこんできて、ほぼ全滅《ぜんめつ》。金魚の1年がこれからスタート、という産卵の時期に、すべてを失ったのだ。

4カ月後。水族館は再開を果たした。多くの生産者や、ほかの水族館からゆずり受けて、たくさんの金魚が集まってきた。はじめて金魚の企画展《きかくてん》を開いたときと同じように。

地元の金魚愛好会である、磐錦会《いわきんかい》の存在にも支えられている。金魚まつりをはじめ、水族館で開かれる金魚関連のイベントは、磐錦会の協力もあってスムーズに運ぶ。水族館も地元の人たちも、福島を元気にしたい、という思いは同じだ。

安田さんは、金魚を通して、人と人がつながっていくのを感じている。

学生時代から金魚を飼《か》っていた安田さんにとってうれしいのは、当時、金魚界の神様みたいな存在だった生産者と、親しくなれたことだ。いまでは仕事相手となり、対等に話ができる。そんなとき、飼育員になり、金魚を担当してよかったと、つくづく思う。

「うちの水族館も、オープンして15年以上経ちました。小さいときから通っていた、水族館の好きな子たちが、そろそろ飼育員として帰ってくるかもしれません。ここでいっしょに働ける日を、楽しみに待っています」

そのときは安田さんが、若い飼育員から目標とされる存在になる番だ。

ドキュメント 4

海獣の飼育とショーを担当する水族館の飼育員

食欲が健康の基本。1頭と、とことんつきあう！

伊勢夫婦岩《いせめおといわ》ふれあい水族館《すいぞくかん》
シーパラダイス
田村龍太《たむらりゅうた》さん

田村さんの歩んだ道のり

1976年、大阪府《おおさかふ》生まれ。小学生のときにイルカのショーを見て感激《かんげき》、飼育員をめざす。高校卒業後、動物の専門学校に進学。各地の水族館での実習の日々をへて、1996年より前身の二見《ふたみ》シーパラダイス（2016年より現名称）に勤務。現在はイルカ、セイウチ、トド、アシカ、アザラシ、カワウソを担当。読書家で、司馬遼太郎《しばりょうたろう》の作品は読みつくしている。

サービス満点！　無料のトドショー

三重県伊勢市《みえけんいせし》にある、伊勢夫婦岩ふれあい水族館シーパラダイス（通称伊勢シーパラダイス）はオープン以来、動物と人とのふれあいを重視してきた。もともと、伊勢神宮《いせじんぐう》参拝の観光客向けに開設されたこともあり、サービス精神にあふれている。屋外にトドの一家のくらすプールが隣接《りんせつ》していて、なんと水族館のチケットを持っていなくても、自由に見放題なのだ。

これだけでも感動ものだが、しばらくすると、スピーカーからショーのアナウンスが流れてきた。男性の飼育員が、自分よりはるかに大きなトドをプールの外へ連れ出し、お客さんのすぐ目の前に迫《せま》ってくる。

岩のような巨体《きょたい》を左右に揺《ゆ》らして練り歩く、オスのトド。名前は小鉄《こてつ》。ぎょろっとした目、鋭《するど》い歯、太いひれ形の前あしが、目の前に！　ものすごい迫力《はくりょく》だ。

小鉄は大勢のお客さんに緊張《きんちょう》するようすも

トドの小鉄を引き連れて現れた田村さん

なく、おとなしく飼育員に寄《よ》り添《そ》っている。飼育員がサインを出すと、1tもあるからだを持ち上げて逆立ちをしたり、ひょうきんに「あっかんべー」をしたりと芸達者。

ふれあいタイムでは、からだをさわらせてくれる。みんな、最初はこわごわなのだが、一度さわれば平気。おとなも子どももキャーキャー声を上げ、べたべたなでて、大喜びで記念撮影《さつえい》をしている。

飼育員はお客さんを見回しながら、タイミングよくえさの魚を出して、小鉄を集中させる。魔法使《まほうつか》いのように、小鉄を意のままに動かすこの人こそ、田村龍太さんである。

1頭のセイウチとの出会い

田村さんは専門学校生時代、シーパラダイスに実習に来て、この水族館にほれこんだ。

「動物とお客さんとの距離感《きょりかん》が、ほかの水族館とは異次元で、衝撃《しょうげき》を受けました」

シーパラダイスでは昔《むかし》から、トドだけでなく、セイウチもアシカもアザラシも、プールから出てお客さんのいるスペースへやって来る。イルカはショーはしないが、お客さんと気ままにキャッチボールをして遊ぶ。動物とお客さんの距離《きょり》を可能な限りちぢめた、大胆《だいたん》なふれあいを提供しているのだ。

「3回ほど実習に通って、名前を売りこみました。ぼくは、セイウチとイルカを担当したかったので、先輩《せんぱい》の役に立つように考えながら動いて、積極的にアピールしましたね」

努力が実って採用され、念願のセイウチとイルカの担当になった田村さん。はじめて深くかかわったのは、ウッチーという名のオスのセイウチだった。

ウッチーは飼育員のあいだで、あつかいが難しい個体と言われていた。食べた物を水中に吐《は》きもどしてまた食べる、という遊びをくり返してしまう。セイウチやイルカにときどき見られる、嘔吐《おうと》行動が出ていたのである。

嘔吐《おうと》が習慣になると、えさをあまり食べようとしなくなり成長のさまたげになる。オスのセイウチは、10歳《さい》くらいで成獣《せいじゅう》になって体重が1tを超《こ》えてくる。当時、ウッチーは7歳だったが、まだ500kgに満たなかった。もう1頭いた同い年のオスは、700kg以上あったのに……。

食べてくれないと、えさをごほうびに行うトレーニングも進められない。トレーニングは、体温測定や体重測定、採血、移動など、動物の健康管理と安全確保に必要な動きを覚えさせるためのもの。身につけると、水族館生活で何かと役に立つ。また、その延長上にショーやふれあいがある。

「実習生のときから見てきましたが、同い年のオスは、ショーに出て運動して食べて、ど

お客さんの目の前で、アシカのコムギのパフォーマンス！

んどん成長していく。ウッチーはショーに出ない、運動しない、おなかがすかない、食べない、太らない、と悪循環《あくじゅんかん》におちいっていました。よし、ぼくがウッチーをなんとかしてやろうと、主担当を買って出たのです」

意思の疎通《そつう》についやした1年

動物のためになる飼育員になりたい！　意気ごみだけは一人前だったが、現実は入ったばかりの新人が、いきなり動物を動かせるようなあまい世界ではなかった。

「ウッチーが目の前にいるのに、体調が良いのか悪いのかすら判断できない。本当に何もわからなくて、手もあしも出ませんでした」

田村さんは、ウッチーを知るところから始めようと考えた。ともかく、毎日3回の食事を、自分の手から食べさせる。そのためだけに休日も出勤する徹底《てってい》ぶりだった。

最初のうちは、ウッチーに口を開けさせて魚を入れ、さあ食べなさい、と命令するような感覚だったという。

「でも、いやいや食べさせられても、おいしくないですよね。ぼくは動物がいやがることをするために、飼育員になったのではない。自発的に食べるようになってほしい、と思うようになっていきました」

理想はやっぱり、よく運動しておなかをすかせること。田村さんは、嘔吐《おうと》行動をなくすためにも、ウッチーのからだを押《お》してみたり、獣舎《じゅうしゃ》のとびらを開けたり閉めたりするなどして、いっしょに遊ぶようにした。時間を見つけてはウッチーと過ごした。

そうして1年経ったころ、田村さんはウッチーの喜ぶこと、いやがることが、顔つきや雰囲気《ふんいき》でわかるようになったという。

「そこではじめて、ウッチーと意思の疎通《そつう》ができたと思いました」

ショーに出演したウッチー

一方、嘔吐《おうと》行動はなかなかやまず、食欲が安定しなかった。刺激《しげき》の多い日中は止まっているのだが、夜になると、ひまをもてあまして嘔吐《おうと》をして遊んでしまう。

嘔吐《おうと》行動を完全に治すため、食事の配分を調整することにした。朝はたっぷり、昼と夕方は少なめに。そうすれば、食べた魚が夜には消化され、吐《は》く物がなくなるのではないか。

これが効いたのか、嘔吐《おうと》がピタリと止まった。とたんに、自分からガツガツ食べるようになり、活発に動きだしたのだ。

ウッチーがえさに執着《しゅうちゃく》し始めると、田村さ

セイウチのトレーニング。えさを手前の位置に出すと、首がぐっと前に伸びてくる（上）、右の写真とくらべてみよう

んとウッチーの関係が変わった。それまではウッチーが主体で、田村さんが合わせていたのが、えさをにぎる田村さんに主導権が移った。これでトレーニングを進められる。

田村さんは、ウッチーの自発性を引き出すために、えさの与《あた》え方を工夫した。ずっと同じ調子で食べさせるのではなく、ちょっと止まったり、少し遠くに出してみたり。「ちょうだい！　ちょうだい！」と、首を前に伸《の》ばしてくるように誘《さそ》う作戦だ。

つぎは首だけでなく、あしを1歩前に踏《ふ》み出させる。もう1歩、2歩、3歩……。運動量が増えて筋肉がつく↓さらに動く↓おなかがすいて食欲がわく↓トレーニングに前向きになる、という好循環《こうじゅんかん》ができて、やがて獣《じゅう》舎《しゃ》の外に連れ出すことに成功した。

担当になって2年目。ウッチーはとうとう、ほかのセイウチといっしょにショーに出演した。お客さんとのふれあいも、できるようになったのである。

もちろん、この間、田村さんが担当していた動物は、ウッチー1頭だけではない。割り当てられた仕事を全部こなしたうえで、さらにウッチーとの時間をつくっていた。

1頭の動物と、とことんつきあった田村さんは、ひとつの答えを手に入れた。

「動物が健康をたもつには、ごはんをおいしく食べられることにつきます。運動、刺激《しげき》、遊び、睡眠《すいみん》、飼育員との関係。五つのバランスをつねに見直して、もっとおいしく食べてもらえる方法を考える。それを続けていくのが飼育員というものです」

大事なことを教えてくれたウッチーは、その後シーパラダイスの人気者になり、17歳《さい》まで生きた。晩年の体重は、８００kgを超えていたそうだ。ウッチーは田村さんにとって、永遠に「先生」なのである。

分刻みのスケジュール

若手の多いシーパラダイスでは、20年目の田村さんが飼育員のトップだ。とはいえ、ほかのスタッフといっしょに、現場でみっちり仕事をしている。

田村さんの１日の仕事内容を、おおまかにまとめてみよう。

・トドのショーに出演
・セイウチのショーに出演
・アシカの館内散歩と、ふれあい
・アザラシのふれあい
・海獣類《かいじゅうるい》、コツメカワウソ、ツメナシカワウソのえさづくりと給餌《きゅうじ》
・獣舎《じゅうしゃ》のそうじ
・新人飼育員に、セイウチなどの給餌《きゅうじ》を指導
・ブログの更新や取材などの対応

などである。１日２～３回ずつのショーとふれあいを軸《じく》にして、合間にそのほかの仕事

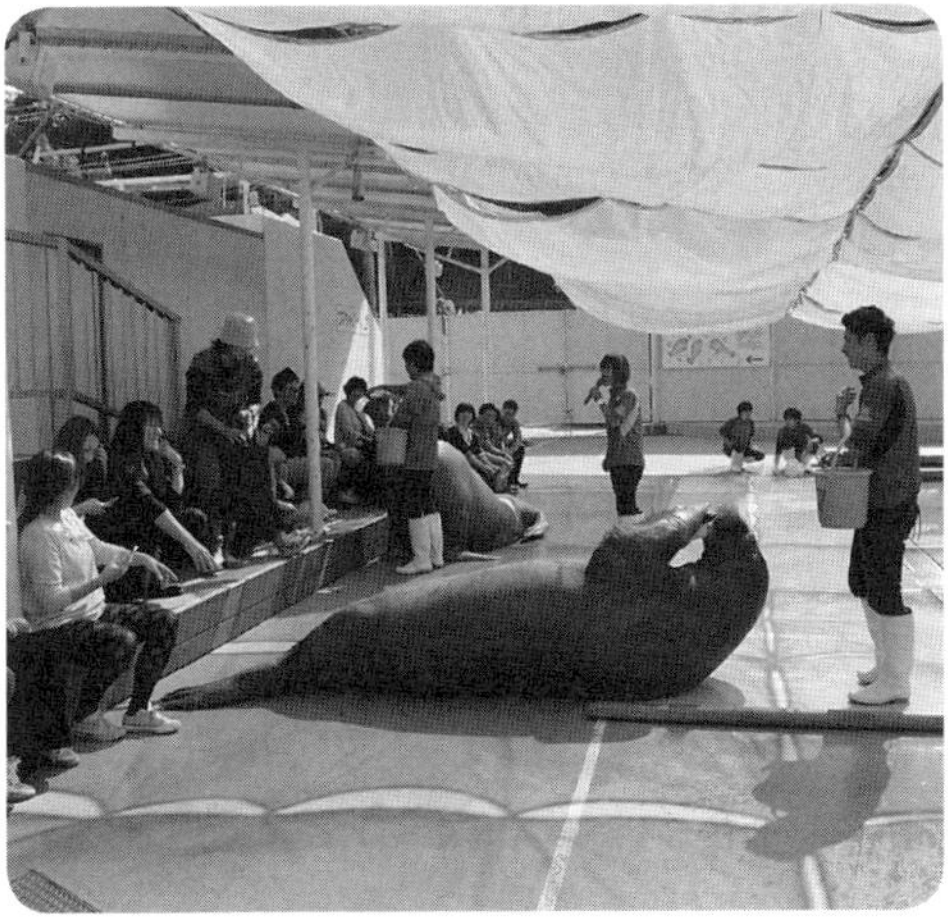

セイウチのショーも、とにかくお客さんの目の前で！

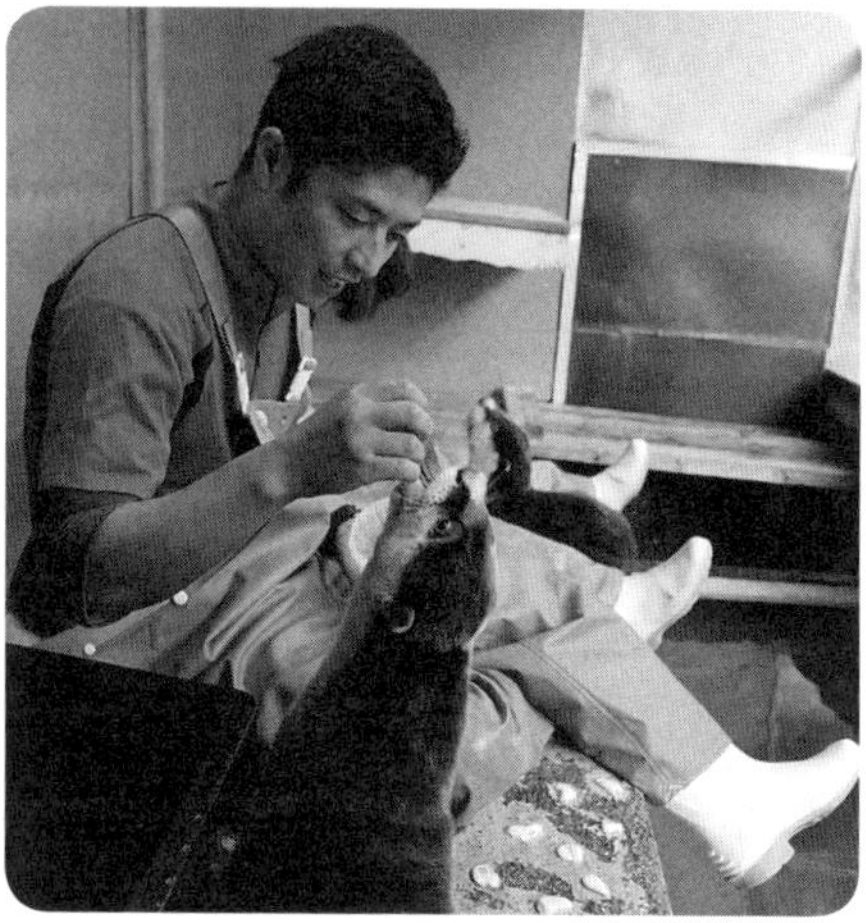
ツメナシカワウソの子どもと。「おいしそうに食べてるねえ」

を入れていく。昼食をかきこみながら、飼育日誌を書いたり、打ち合わせしたり。お茶を飲むひまもない。まさに分刻みのスケジュールと言ってもいいだろう。

　でも、自分が育てたカワウソの兄弟に魚を食べさせる田村さんは、とろけそうな表情を

している。こんなひとときこそが、田村さんにとって最高の休息に違《ちが》いない。

　セイウチの給餌《きゅうじ》の指導は、獣舎《じゅうしゃ》の中で行った。意外なことだが、セイウチを前にして、新人の飼育員よりも田村さんのほうが緊張《きんちょう》しているように見えた。ショーでは、いとも簡単にセイウチを動かしているのに。

「動物は基本的に人に警戒心《けいかいしん》を持っているもの。そう思って、攻撃《こうげき》されないように気をつけています。狭《せま》い獣舎《じゅうしゃ》の中だと逃《に》げ場が少ないので、よけいに慎重《しんちょう》になりますね」

　何度となくケガをしてきた。痛みを知っているから、セイウチの長いキバも、トドの鋭《するど》い歯も、いまでもこわい。それに、人間にはわからない何かを感じ取るのか、突然大きく動くことがある。想像以上に力が強く、瞬発《しゅんぱつ》力《りょく》もある。ボケッとしていると、吹《ふ》っ飛《と》ばさ

れたり倒《たお》されたりするかもしれないのだ。

「特にセイウチは学習能力が高く、人間がしてほしいことも、してほしくないことも、すぐに覚えます。してほしくない行動を出さないように、こちらの動きで調整する。動物は、人間の都合に合わせてくれません」

してほしいことだけを覚えさせて、サインを出せば、いつでも確実にできるように定着させる。それが、トレーニングだ。

命を預かるということは

「シーパラダイスの動物は、みんな自分の子どもです。いつも気にしているから、ぼくは仕事とプライベートを、きっぱり分けることができません。友だちの結婚式《けっこんしき》をドタキャンしてこちらに出勤、なんていうことも結構ありましたね」


たとえば出産は、予定日のめどはついても時間までは読めないし、早まることも遅《おく》れることもある。無事に赤ちゃんが生まれても、安心はできない。ちゃんとお乳を飲めるか、母親は子育てをしてくれるか、順調に体重が増えているか……。つぎからつぎに、新たな気がかりが顔を出す。

病気や高齢《こうれい》の動物は、いつ容態が急変するかわからない。それは元気そうに見えるものも同じ。野生動物は、具合が悪くてもそんな素振《そぶ》りを見せずに、限界までがまんしてしまうものなのだ。

いざというとき、すぐ対応できるように、日頃《ひごろ》の備えが肝心《かんじん》だ。治療《ちりょう》や人工哺育《ほいく》などの方法は、ほかの水族館から助言をもらうことも少なくない。反対に、こちらがたのまれて協力することもある。持ちつ持たれつだから、ふだんから人間どうしのコミュニケーションも大切にしている。

「命を預かっている、というプレッシャーはつねにあります。動物が死んだら、自分は役立たずだと思う。でも、たとえ結果がよくなくても、自分で考えて動いた経験は、まちがいなく飼育技術のレベルアップにつながる。できればいい結果を出したいから、人の意見も聞くようになるものです」

徹底《てってい》した動物優先の、現場主義。田村さんは、つらいときや心配事があるときほど太る。世話をする自分が倒《たお》れないようにと、たくさん食べるからだ。落ち着くと自然にやせるという、根っからの仕事人間なのだ。

人一倍の負けん気と努力と

ショーやふれあいを終えて、動物たちを獣《じゅう》舎《しゃ》へ帰す。これで飼育員の役目はおしまいではない。必ず1頭1頭に話しかけながら、ごほうびの魚を与《あた》えてねぎらい、ショーのおさらいをする。

時間にすれば数分の、ほんのちょっとしたやりとりだ。このスキンシップの積み重ねが、シーパラダイスらしい動物とお客さんとの距《きょ》離《り》感《かん》を築いてきた、と田村さん。

「ぼくらからするとトレーニングだけど、動物にとっては遊びです。飼育員はいつも遊んでくれて、ごはんもくれる、便利な人。そう思っているから、動物のほうから寄ってきてくれる。いっしょにくらす家族のような親しい雰囲気《ふんいき》のまま、ショーもふれあいも、楽しんでやってくれます」

元気いっぱいな動物を見て、ふれて、お客さんが喜ぶ。お客さんが喜ぶと、水族館としてもうれしいし、動物がここにいる意味もある。動物、お客さん、水族館の三者みんながうれしい状況《じょうきょう》をつくるのは、現場の飼育員の役目です、と田村さんは言い切った。

海獣類《かいじゅうるい》のトレーニングにおいて、田村さんはずば抜《ぬ》けた能力があるように見える。愛情と恐怖心《きょうふしん》のバランス感覚に、長けているのだろうか。しかし、動物の気持ちをわかりたい、動物の役に立ちたい、という情熱が人一倍強く、そのための努力も人一倍している。

「セイウチのキバにもさわってみてください」

「思えば、ぼくは子どものころから負けずぎらいでしたね。運動会のリレーなども、絶対に負けたくなかった。自分がなんとかしてやろうと、いつも思っていました」

館内を1日中、忙《いそが》しく駆《か》け回る田村さん。顔なじみの常連さんから、「ウッチーが空の上からショーを見ていたよ」なんて、ふと声をかけられることがあるそうだ。

「そんなこと言われたら、がんばらなあかんでしょ」

笑顔で話す目がうるんでいる。田村さんは人一倍、涙《なみだ》もろい飼育員でもあった。

2章

動物園飼育員の世界

動物園小史

野生動物と人間、そして動物園の歴史

野生動物を飼《か》う

動物園・水族館は、生きているいきものを収集・飼育・展示して、公開する施設《しせつ》です。そのうち、おもに陸生の哺《ほ》乳類《にゆうるい》と鳥類をあつかう施設《しせつ》を、動物園とよんでいます。人間にとって、人間以外の哺《ほ》乳類《にゆうるい》は、野生動物と家畜《かちく》の2種類に大別されます。野生動物は、人間が必要に応じて衣食住に利用するもので、狩猟《しゆりよう》の対象でした。およそ1万年前に牧畜《ぼくちく》が始まり、家畜《かちく》を飼《か》うようになってから、野生動物と人間の関係が変わっていきます。権力者が野生動物を収集し、個人的に「飼《か》う」ことが始まったのです。

野生動物コレクションからメナジェリーへ

権力者による野生動物コレクションは、古代文明の栄えた地域では早くから見られました。紀元前2500年ごろのエジプトでは、王の墓の壁画《へきが》にガゼルやオリックスなどを飼育する人のようすが描《えが》かれています。同じくエジプトで、紀元前3世紀に王が催《もよお》したとされる動物パレードは、自身の所有する96頭ものゾウを駆《か》り出すという、想像を絶する規模でした。紀元前4世紀の古代ギリシャでは、君主のコレクションを哲学者のアリストテレスが観察、研究し『動物誌』をはじめとするすぐれた書物を著しました。

その後、中世から近世にかけて、野生動物コレクションは、ヨーロッパの王侯《おうこう》貴族を中心に受け継《つ》がれていきました。コレクションの目的は、権力や財力の誇示《こじ》、動物どうしを格闘《かくとう》させる見世物、趣味《しゅみ》としての狩猟《しゅりょう》用などと考えられています。

コレクションした動物は、宮殿《きゅうでん》の庭園や狩《しゅ》猟場《りょうじょう》に設けた施設《しせつ》で飼育および展示されま

美しい鳥は昔から好まれた。ホオジロカンムリヅル

した。施設《しせつ》はメナジェリーとよばれるようになり、のちに動物園へと発展します。しかしこの時代には、上流階級のアクセサリーにすぎず、庶民《しょみん》には公開されませんでした。

動物園の誕生《たんじょう》

1752年、ウィーンのシェーンブルン宮殿《きゅうでん》に、皇帝《こうてい》フランツ1世のメナジェリーがつくられました。皇后《こうごう》マリア・テレジアは、皇帝《こうてい》の死後の1778年よりメナジェリーを一《いっ》般《ぱん》公開します。収集・飼育・展示・公開と4拍子《びょうし》そろった初の施設《しせつ》という意味で、シェーンブルンのメナジェリーが、今日《こんにち》の動物園の起源として語られています。

やや遅《おく》れて、フランスの国立自然史博物館の付属植物園、ジャルダン・デ・プラントの中に設けられたメナジェリーは画期的でした。哺乳類《ほにゅうるい》と鳥類にとどまらず、ワニや魚まで多様ないきものを公開。ただ飼《か》うのではなく、長生きさせることに目を向けた、ほかに類を見ない施設《しせつ》でした。博物学者の研究施設《しせつ》としての役割も大きかったのです。

1828年、ジャルダン・デ・プラントの流れをくむ施設《しせつ》がイギリスに誕生《たんじょう》しました。ロンドン・ズーロジカル・ガーデン、ロンドン動物園です。動物学と結びついた、「生きたものを展示する博物館」という発想でした。のちに園内に水族館も開設されます。ロンドン動物園に刺激《しげき》され、世界中で動物園の建設が始まりました。

昔もいまもめずらしいいきものは大人気

日本の動物園の誕生《たんじょう》

そのころ日本は江戸時代《えどじだい》後半。南蛮《なんばん》から入ってくるゾウ、ラクダ、トラ、ヒョウといっためずらしい動物や美しい鳥の見世物小屋が、庶民《しょみん》のあいだで人気でした。動物をめでつつお茶を飲むという、現代のフクロウカフェならぬ、孔雀《くじゃく》茶屋なども定着していたようです。

１８６２年、江戸幕府《えどばくふ》が派遣《はけん》した文久遣欧使節団《ぶんきゅうけんおうしせつだん》が、ヨーロッパの動物園を視察に訪れました。使節団の一員だった福沢諭吉《ふくざわゆきち》こそ、「ズーロジカル・ガーデン」を訳して「動物園」という言葉をうみだした人物です。

明治時代《めいじじだい》に入り外国との交流が活発になった１８７３年、博物学者の田中芳男《たなかよしお》がウィーンの万国博覧会に出席します。帰国後、東京《とうきょう》に博物館を設立すると、生きた動物の展示も行いました。まもなく博物館が上野公園《うえのこうえん》に移転することになり、１８８２年、付属施設《しせつ》として動物園が設立されました。日本初の動物園、上野動物園の誕生《たんじょう》です。ロンドン動物園を参考にしたつくりで、淡水魚《たんすいぎょ》の展示施設《しせつ》が半年後に開設されました。

戦争を経て平和のシンボルに

開園の翌年、オーストラリアからのカンガルーの来園を皮切りに、上野動物園は外国産動物を続々と入手。キリンが来園した1907年には、年間入園者数が100万人を突破《とっぱ》しました。その後、京都市《きょうとし》、大阪市《おおさかし》、名古屋市《なごやし》にも動物園が開園。鉄道会社が経営する動物園と遊園地の複合型施設《しせつ》もオープンし、娯楽《ごらく》を求めて訪れる人びとでにぎわいました。

しかし、第二次世界大戦《だいにじせかいたいせん》が動物園から笑顔をうばいます。爆撃《ばくげき》を受けて脱走《だっそう》したら危険だからと殺処分を命ぜられた動物たち、食べ物がなくて餓死《がし》した動物たち……。戦時中の上野動物園のゾウと飼育員の痛みを伝える、『かわいそうなぞう』（金の星社）の物語が有名ですが、似たような悲劇はどこの動物園でも起きていたのです。

「動物の力を借りて戦争ですさんだ子どもたちの心をなぐさめ、命の大切さを教えたい」。古賀忠道《こがただみち》園長の発案で、1948年に上野動物園の一角に、家畜《かちく》とふれあえる子ども動物園がオープンしました。戦後の動物園の復興の始まりです。

「世の中が平和でないと動物園は成り立たない。動物園は平和のシンボルだ」。人びとの思いにこたえるように、日本の各地で動物園の建設《けんせつ》が進められました。公立もあれば私立もあり。ピクニックも楽しめる広い動物公園、植物園もかねた動植物園、動物のいる展示場を車で移動するサファリパーク。いまではさまざまなスタイルの施設《しせつ》があります。

日本の動物園、そして飼育員のこれから

現在の日本の動物園は、レクリエーション施設《しせつ》というイメージが強く、ロンドン動物園の提唱する博物館的な施設《しせつ》とは少々ずれがあるようです。楽しいだけではない、動物に興味を持つきっかけづくりになる見せ方、伝え方が見直されています。また、動物がいきいきと生活できるような環境《かんきょう》づくりや、希少動物を一カ所の施設《しせつ》に集めて繁殖《はんしょく》をうながす「ズーストック」とよばれる取り組みも、今後は活発になるでしょう。

めずらしい動物を収集・飼育・展示するだけでよかった時代は終わりました。これから飼育員になる人が、動物園のつぎなるステージを切りひらく一員になります。

運動場に動物が同居しているように見せる、開放的なパノラマ展示

動物園の役割、飼育員の役割

動物園の四つの役割

動物園は、野生動物コレクションの収容施設《しせつ》、メナジェリーから発展しました。けれども、権力や財力の象徴《しょうちょう》だったメナジェリーと動物園は、根本的に役割が違《ちが》います。動物園にはつぎにあげる四つの役割があります。

①種の保存　人間による自然破壊《はかい》や乱獲《らんかく》の影響《えいきょう》で数が減り、絶滅《ぜつめつ》が危惧《きぐ》される野生動物を守り、繁殖《はんしょく》に取り組みます。動物園で行う種の保存活動を域外保全、野生動物の生息地域で行う場合は域内保全とよんでいます。

②調査・研究　動物の生態や生息地の環境《かんきょう》に関する知識を深め、園でいきいきとくらせる飼育環境《かんきょう》をつくります。飼育しながらさまざまな研究を進めて、繁殖《はんしょく》などにも役立てます。

③教育・環境《かんきょう》教育 動物の特徴《とくちょう》や魅力《みりょく》を紹介《しょうかい》し、興味を持ってもらうきっかけをつくります。生息地や地球の環境《かんきょう》にもふれ、野生動物との共生や環境《かんきょう》保全の重要性を伝えます。

④レクリエーション だれもが気軽に訪れて、動物といっしょに楽しく過ごし、元気になれる場を提供します。動物により親しんでもらえるような、多彩《たさい》なイベントを企画《きかく》します。

この四つの役割は、水族館にも共通です。ぜひ覚えておいてください。

動物園で働く人たち

動物園の役割を果たすために、大勢の人が働いています。おもな職種を紹介《しょうかい》します。

●飼育の現場にたずさわる仕事

飼育員 動物を飼育展示し、魅力《みりょく》を伝えます。

獣医師《じゅういし》 治療《ちりょう》や検査を行い、死亡した動物は解《かい》剖《ぼう》して原因を調べ、記録を残します。

飼料係《しりょうがかり》 動物の食事のメニューを考えて、食糧《しょくりょう》を業者に発注します。飼育員が行う場合も。

●周辺で現場を支える仕事

安全も重要視。動物の脱走を想定した訓練風景

園長　動物園の運営の責任者。地域社会や教育・福祉《ふくし》機関、支援者《しえんしゃ》などと交流し、環境《かんきょう》保全活動などにも参加します。

広報　各種情報の発信や取材の対応などの集客につながる活動、イベントの企画《きかく》運営などを行います。普及係《ふきゅうがかり》ともよばれます。

営業職・事務職　動物園の運営全般《ぜんぱん》にかかわる実務を行います。

設備管理　施設《しせつ》全体の電気系統や水道などの点検と管理を行います。

改札《かいさつ》・インフォメーション　笑顔でお客さんを迎《むか》え、園内の案内や迷子などに対応します。

ショップやレストランの店員　接客、販売のほか、商品開発にかかわることもあります。

警備員　動物の安全のため、夜間、園内を巡回《じゅんかい》して警備にあたります。

清掃員《せいそういん》　お客さんが気持ちよく過ごせるように敷地内《しきちない》を清掃《せいそう》します。

ボランティアガイド　目の前にいる動物について、お客さんにくわしく紹介《しょうかい》します。

飼育員の仕事

「飼《か》う」には「養う」という意味があります。飼育員の仕事の大半をしめるのは、担当動物の食と住に関することになります。

基本的な仕事は給餌《きゅうじ》、調餌《ちょうじ》、寝室《しんしつ》と運動場のそうじ。健康管理としては、便の色や硬《かた》さ

肉食の水鳥のえさとして、魚を用意する飼育員

のチェック、えさの食べ残しのチェック。毛づや、目の輝《かがや》き、歩き方、ケガなどの観察も毎日続けることが大事です。動物は具合が悪くても、そんなそぶりをなかなか見せません。かすかな違和感《いわかん》に気付けるような、観察力を身につけたいものです。

動物園ではふつう、数名がひとつのチームをつくって複数の動物を担当します。チーム内で休みの日を調整し、必ず毎日だれかが出勤して世話をする態勢をつくるためです。健康状態などの情報も、チーム全員で共有します。チームも担当動物も定期的に変わることが多いようです。

また、動物たちは何のために動物園にいるのか、その目的をお客さんに伝えるのは、飼育員の使命です。飼育員は通訳者として、お客さんに動物たちの言葉を届ける存在です。

繁殖《はんしょく》に関する仕事

動物園では、種の保存活動に力を入れています。地球の温暖化や森林伐採《ばっさい》、密猟《みつりょう》などの影響《えいきょう》で、生息地では野生動物が減り続けています。そのため、絶滅《ぜつめつ》のおそれのある希少動物の取り引きに関するワシントン条約により、野生動物の輸入が厳しく制限されています。ゴリラやホッキョクグマなど、このまま生息地から個体が入ってこなければ、いずれ動物園から姿を消す可能性のある動物もいるのです。

そこで動物園の中で動物を増やそうと、ブリーディングローン（ＢＬ）が活発に行われています。ＢＬは動物園・水族館のあいだで、繁殖《はんしょく》目的で動物を貸し借りする制度です。たとえば、繁殖適齢期《はんしょくてきれいき》のメスの結婚相手がその動物園にいない場合。ＢＬとしてほかの動物園からオスを借りてペアをつくり、繁殖《はんしょく》を試みることができます。動物の貸し出し料は発生しません。

ＢＬでペアをつくるには、オスとメスの血統登録（家系図）の確認が不可欠です。血が

キリンの移動に用いる輸送箱（２分の１の大きさの模型）

つながらないように慎重《しんちょう》にコーディネートし、双方《そうほう》の動物園に相手のことを紹介《しょうかい》します。この仲人のような役目を「種別計画管理者」といい、特定の動物園・水族館が担当します。実務を行うのは、その施設《しせつ》の飼育員や獣医師《じゅういし》です。

現在、日本をふくめた世界中の動物園で希少動物のＢＬに取り組み、種の保存活動の加速をはかっています。最終的な目標は、１章ドキュメント２に登場した八木山動物公園《やぎやまどうぶつこうえん》のシジュウカラガンのように、動物園で繁殖《はんしょく》した個体を野生に帰すことです。

協力し支えあう

四つの役割を掲《かか》げて同じ方向を見つめる動物園・水族館が結束《けっそく》し、＊公益社団法人日本動《こうえきしゃだんほうじんにほんどう》物園水族館協会《ぶつえんすいぞくかんきょうかい》（ＪＡＺＡ）という団体を構成しています。

さきほどのＢＬの例では、三つの施設《しせつ》の協力でペアが誕生《たんじょう》しました。個々の施設《しせつ》には限界があるけれど、協力すれば難題を解決できることもあります。ＪＡＺＡでは、助け合いがスムーズに運ぶように、施設《しせつ》の枠《わく》を超《こ》えたネットワークを築いています。災害時には支《し》援《えん》物資を運んだり、動物を受け入れたりもします。

２０１９年12月現在、ＪＡＺＡに加盟している動物園は91、水族館は57。非加盟の施設《しせつ》を加えると、日本の動物園・水族館は数えきれないほどになります。

＊公益社団法人日本動物園水族館協会　http://www.jaza.jp/

動物園飼育員の現場と日常の仕事

動物と過ごす濃密な時間

飼育員の1日

ここからは、飼育員のさまざまな仕事にスポットをあてていきます。まず、1章ドキュメント1に登場した、かみね動物園《どうぶつえん》の井上久美子《いのうえくみこ》さんの1日(土日祝日)を密着レポートします。シミュレーションしながら読んでみてください。

7時　カバ舎の運動場とプールのそうじ開始。プールの栓《せん》を開けて水を抜《ぬ》く。プールの底にたまったゴミや汚《よご》れを消防用ホースで洗い流す。

8時30分　朝礼。

8時50分　カバ舎のそうじ終了《しゅうりょう》。プールに水をためる。ライオンとトラを運動場に出す。

9時　開園。マテバシイの木に登り枝を切り落とす(クロサイのイベントに使うため)。

9時20分　2頭のカバの寝室《しんしつ》をそうじして、朝食（青草、乾草《かんそう》、ペレットなど）を運ぶ。

10時　ライオンとトラの寝室《しんしつ》のそうじ。

11時　ケヅメリクガメの撮影会《さつえいかい》イベントを手伝う。

12時　カバを運動場に出す。昼休み。

13時　クロサイのイベント。トーク終了後《しゅうりょうご》、お客さんによるマテバシイの給餌《きゅうじ》。

13時30分　ライオンの展示個体の入れ換《か》え、トラを寝室《しんしつ》に収容。その後、ふれあいコーナーを手伝う。

14時10分　飼料室《しりょうしつ》でえさの用意。肉を切ったり、野菜を仕分けしたりする。

15時　事務所でデスクワーク。展示パネルの印刷や会議の資料を作成。

16時　ライオンの給餌《きゅうじ》イベント。

16時30分　獣医師《じゅういし》といっしょにライオンのハズバンダリートレーニング（次ページ参照）。井上さんが

お客さんに動物のことをどう伝えるかは、担当飼育員の腕しだい！

笛《ふえ》の合図で肉を与《あた》えているあいだに獣医師《じゅういし》がしっぽから採血。

17時　寝室《しんしつ》に夕食の用意をしてカバを収容。フラミンゴの給餌《きゅうじ》コーナーのえさを補充《ほじゅう》。カバのプールの水を止める。事務所で日誌をつけて帰宅。

いかがでしたか？　給餌《きゅうじ》やそうじなど日常の仕事に加えて、イベントのある土日祝日は、こんなにも仕事の種類が多いのです。忙《いそが》しいはずの井上さんですが、動物たちの前では、ゆったりとふるまっています。声をかけながら寝室《しんしつ》に入ること、そうじの前に、えさの食べ残しと便のチェックも、欠かさず行っていました。

トレーニング

いま、動物園では、動物に対して行うトレーニングが注目されています。井上さんもライオンに行っていましたが、「ハズバンダリートレーニング」とよばれるものです。

ハズバンダリートレーニングは、かけ声や笛《ふえ》の音、手の動きなどの合図で、動物が特定の姿勢をとるように導く訓練です。目的は治療《ちりょう》や採血、体重測定、体温測定、触診《しょくしん》、爪《つめ》の手入れなど健康管理全般《ぜんぱん》をしやすくすること。動物のほうから必要な姿勢をとってくれるので、麻酔《ますい》をかけたり押《お》さえつけたりすることもありません。キリンやジャイアントパンダに、ハズバンダリートレーニングを行っている動物園もあります。

動物のトレーニングにくわしい、神戸《こうべ》どうぶつ王国《おうこく》の佐藤哲也《さとうてつや》園長は言います。「野生動物は不調の表現が遅《おそ》く、気付いたときは手遅《ておく》れということが多かった。ハズバンダリートレーニングを用いて、定期検診《けんしん》が日常的にできるようになれば、救える命も増えてくるでしょう。また、血液検査で発情周期などがつかめると、希少動物の繁殖《はんしょく》の研究にも役立ちます。これからの動物園の飼育員は、身につけなくてはいけない技術ですね」。

ただし、ハズバンダリートレーニングを進めるには、動物をよく知ることが先決。毎日の世話や観察といった飼育の基本を、しっかり身につけてからの話です。

人工哺育《ほいく》

繁殖《はんしょく》は、飼育員のめざす大きな目標のひとつで

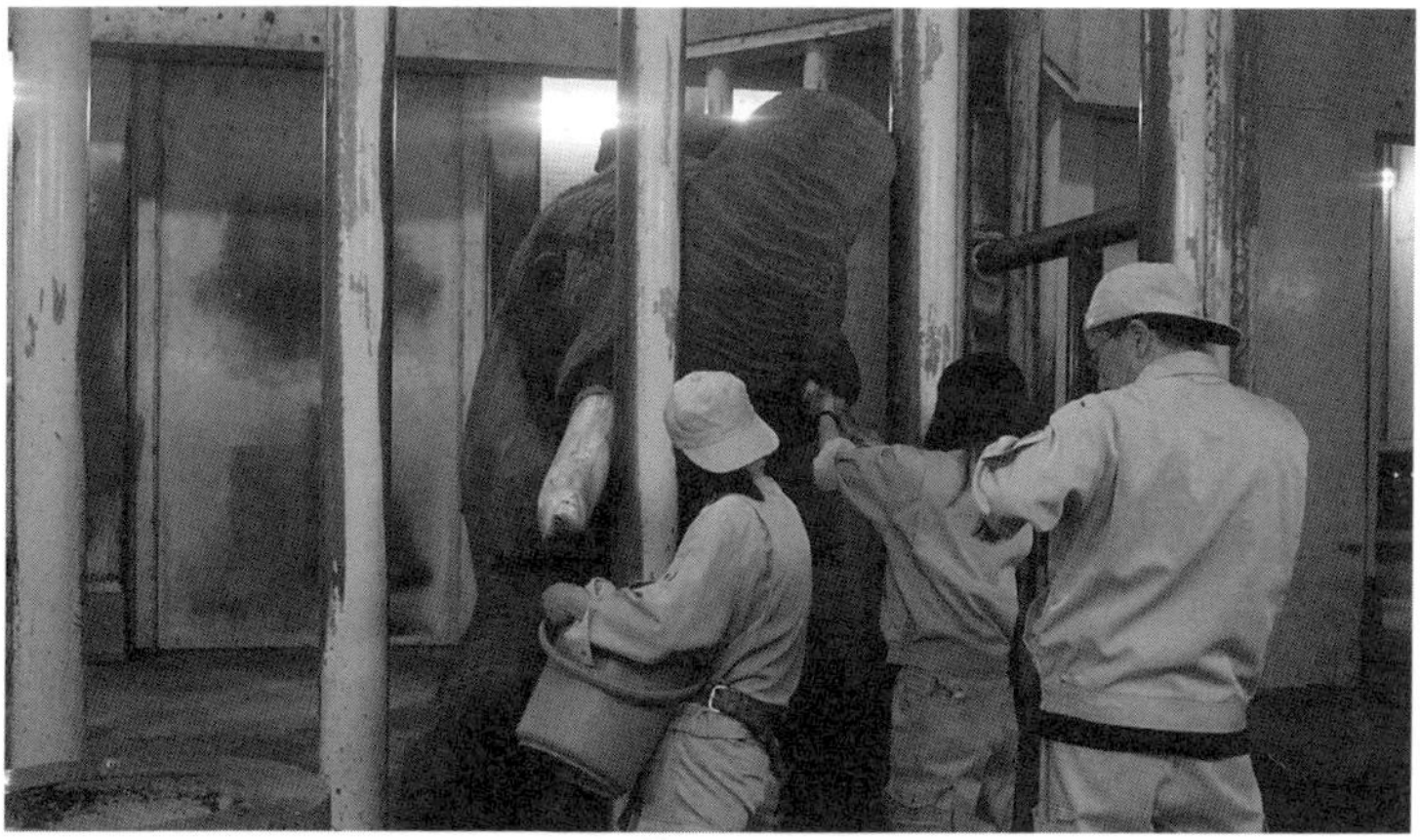

ハズバンダリートレーニングにより、キバの治療を受けるアフリカゾウ

す。新しい命の誕生《たんじょう》はうれしいものです。けれども動物にとって出産は命がけで、事故もつきものです。母親が命を落としたり、育児をしなかったり、赤ちゃんが衰弱《すいじゃく》してお乳を飲めなかったり。こうしたケースでは、飼育員や獣医師《じゅういし》が母親になって、離乳《りにゅう》するまで育てます。人工哺育《ほいく》とよばれます。

ミルクの成分や与《あた》える量、間隔《かんかく》などは、飼育員と獣医師《じゅういし》が相談して決めます。哺乳《ほにゅう》びんは口の大きさに合うものを調達。注射器やスポイトなどを用いることもあるようです。

赤ちゃんが順調に育つと、群れや家族で飼《か》っている場合には仲間のもとにもどすのが望ましく、近年はアフリカゾウ、チンパンジー、ゴリラなどが成功しています。タイミングを見て、子どもを母親や父親、仲間と顔合わせしますが、ここは飼育員がもっとも心を砕《くだ》くところでしょう。

野生動物の人工哺育《ほいく》は、飼育員でないと経験できません。多くのことを学べる貴重な機会です。

高齢《こうれい》動物のサポート

動物も年をとると、からだの機能がおとろえます。歯がすり減ったり、筋肉が落ちてきたりした高齢《こうれい》動物の負担を減らせるように、飼育員は介護のような世話をします。

たとえば大阪市の天王寺動物園《てんのうじどうぶつえん》では、高齢《こうれい》のコアラの担当飼育員が、ユーカリをペースト状にした流動食を注射器につめて、口の中に流しこんで食べさせていました。また、地面に落下する恐れがあるため、コアラのいる木の下にはふとんが敷《し》きつめられていました。

「覚悟《かくご》はしているつもりですが、毎朝、獣舎《じゅうしゃ》のとびらを開けるのがこわいです。夜のあいだに死んでしまっているかもしれませんからね」と、飼育員の久田治信《ひさだはるのぶ》さん。コアラは1カ月ほどして、静かに息を引き取りました。

動物がどんな姿になっても、飼育員は最後まで寄《よ》り添《そ》います。そして亡くなった後は解《かい》剖《ぼう》して死因を調べます。担当動物のすべてを見届け、感謝をこめて見送るのが飼育員の務めです。

おじいさんコアラのアルンと久田さん。「1日でも長く生きてほしい」

ミニドキュメント 1 魅力的なふれあいを届ける

家畜が主役！ほのぼの動物園

埼玉県《さいたまけん》こども動物《どうぶつ》自然《しぜん》公園《こうえん》
金子《かねこ》 麗《れい》さん

動物園名物のステージ

土曜日の午後。埼玉県東松山市《ひがしまつやまし》にある、埼玉県こども動物自然公園は、家族連れでにぎわっていた。みんなの目当ては、動物園名物の「アニマルステージ」だ。

飼育員が舞台《ぶたい》に上がると、軽快な音楽とともに、アニマルステージが始まった。最初はヤギの橋渡《わた》り。舞台《ぶたい》の端《はし》から端《はし》まで1・5mくらいの高さに渡《わた》された、幅《はば》15cmほどの板の上を、ヤギが余裕《よゆう》で渡《わた》り切った。

つぎはネズミの仲間、デグーの階段上り。右肩《みぎかた》上がりにならべられた板の上を、タタタタッと駆《か》け上がっていく。頂上にセットされたひもを引くと、かわいらしい旗があがった。

続いてミニブタによるゴミの分別。「ペッ

トボトル」「ビン」と書かれた二つのゴミ箱《ばこ》を用意。ミニブタは空きビンをくわえると、正しいほうにポイ。おみごと！

最後はお客さんが舞台《ぶたい》に上がってミニブタとのコラボ。10名が縦1列にならんで、あしを少し開く。あしのあいだのトンネルを、ミニブタがまっすぐ歩いて通り抜《ぬ》けた。

水族館の海獣《かいじゅう》ショーのようなダイナミックさはない。そのかわり、絵本の中の世界みたいに平和だ。コミカルでいて、動物の賢《かしこ》さも運動能力も、しっかり伝わってきた。

ステージの舞台裏《ぶたいうら》

ステージで活躍《かつやく》した動物たちは、園内の「なかよしコーナー」のメンバーだ。なかよしコーナーは、お客さんが家畜《かちく》とふれあうエリア。ヤギとミニブタ、ヒツジに自由にさわれる。また、1日3回実施《じっし》しているモルモットとウサギとのふれあいも人気だ。

コーナーの片すみで、担当6年目の金子麗さんが、ミニブタのポンのトレーニングをしている。金子さんは、クリッカーとよばれる小さな道具を手の中ににぎり、カチッと音を鳴らしたあと、えさをあげた。

カチッという音は動物にとって、「よし、それでいいよ」の合図。こちらの求めている動きをしてくれたときに音を鳴らして、ごほうびをあげる。このクリッカートレーニングの最初は、カチッ、えさ、カチッ、えさ、を数回くり返し、クリッカーの音に特別な意味を持たせることから始める。続いて金子さんが歩きだすと、ポンは吸い寄せられるようについて行った。

「カチッと鳴って、ピクッとからだが反応するようになれば、音がするとえさをもらえる、と学習しています。ミニブタは理解力が高く、数回で覚えてしまいますね」

　ゴミの分別も、このクリッカートレーニングを応用して教えるそうだ。１回のトレーニングは10分程度。それ以上は動物の負担になるだけで、効果は小さいという。

　金子さんは、ハシブトガラスにも挑戦《ちょうせん》している。１年前、樹上の巣《す》から落ちていたひなを園内で保護し、育ててトレーニングを始めた。「そう」と声をかけて、えさをあげることをくり返し、簡単に左腕《ひだりうで》にとまらせた。これも、カチッという音を声に置き換《か》えた、クリッカートレーニングの一種だ。

お客さんと動物のあいだをとりもつ

ハシブトガラスのブトを腕《うで》に乗せて、金子さんが歩きだすと、「カラス？　かわいい！」。女性客に囲まれた金子さんは、ブトにえさをあげながら食べ方を解説する。

　見渡《みわた》すと、お客さんと動物のあいだで飼育員が動き回っていた。ほうきとちりとりを手に動物たちのうんちを回収している姿も。

　ごろんと寝《ね》そべっているミニブタのそばに、幼い子どもがすわりこんでいる。さわりたそうなのだが、なかなか手を伸《の》ばせない。すると、飼育員が行き、「ブタさんの背中を指でつんつんしてみようか」。手本を見せると、子どもがまねをした。パッと笑顔がはじけた。

　モルモットとウサギのふれあいでは、飼育員が抱《だ》き方を手ほどきしている。そのとき若いお父さんが、どさっと音がするほど無造作に、モルモットをテーブルの上に放した。

　飼育員はすかさず抱《だ》き上げると、「こうし

てそっと下ろして、あしを地面に着けてあげてくださいね」。きっぱりと注意した。

飼育員の仕事＝ステージ、ではない！

埼玉県こども動物自然公園の広大な敷地《しきち》には、ライオンもゾウもゴリラもいない。大型の野生動物は、キリンとシマウマぐらいだ。

開園当初から三つの目標がある。
①子どもがどうぶつと親しむ
②子どもが自然の中で情操心と科学心を養う
③子どもがリラックスして遊べる

徹底《てってい》して子どもが主役だ。そのために親し

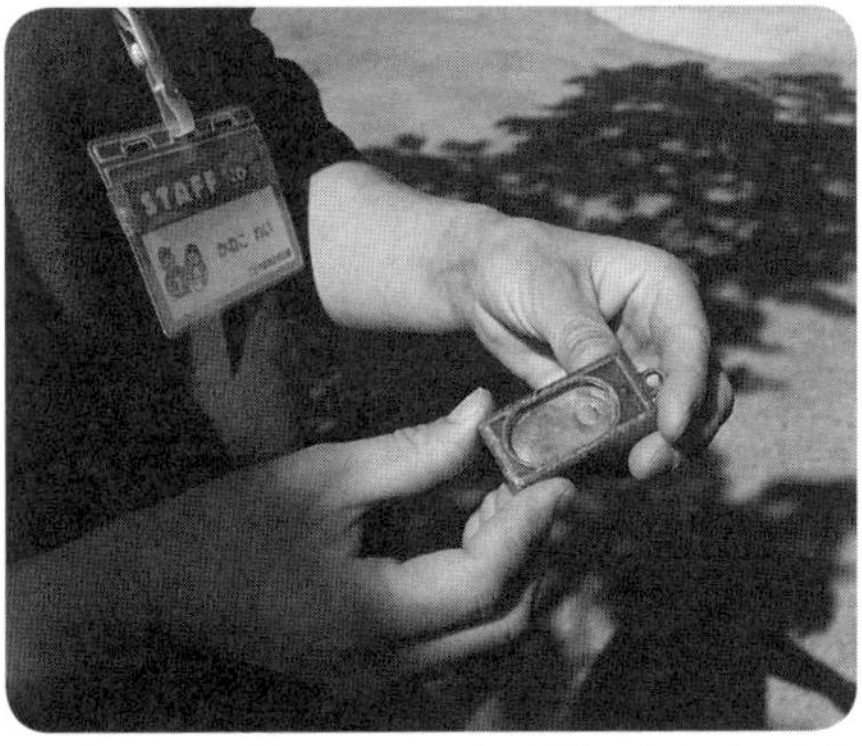

ミニブタのポン（上）。トレーニングの必需品、クリッカー（下）

みやすい家畜《かちく》を充実《じゅうじつ》させ、「ふれあい」にとことん力を入れてきたのである。

ふれあいは近年、各地の動物園でブームになっている。子どもがはじめて動物と出会う場、親子でいっしょに体験する場。お客さんはこうした役割を、動物園あるいは水族館に求めているようだ。

ふれあいの老舗《しにせ》のこの動物園では、さらに進化して、冒頭《ぼうとう》のようなステージを披露《ひろう》する。けれども金子さんは言う。

「ステージは動物に興味を持ってもらうきっかけづくり。なかよしコーナーの基本はやはり、ふれあいです。ふれあいを通じて動物となかよくなってもらいたいです」

ところが最近は、飼育員＝ステージやトレーニングをする人、と誤解して実習にくる学生がいる。トレーニングは、種の特性や個体の性格、適性に合わせて行うものだから、動物を理解していないとうまくいかない。

金子さんは後輩《こうはい》に忠告する。

「まずは動物をしっかり飼《か》う。それが飼育員の仕事の第一歩です」

距離《きょり》の近さが説得力になる

おしまいに、めずらしいふれあいを紹介《しょうかい》しよう。おそらく日本の動物園ではここにしかない、「ウシの乳しぼりタイム」である。

牛乳はウシのお乳で、お乳をたくさん出す乳牛を人間がつくったということ、おっぱいのつくり、しぼったお乳が牛乳になって流通するしくみ。飼育員から一連の説明があったあと、しぼり方を教わって、子どもたちは手を消毒して乳しぼりに移った。

展示搾乳場《さくにゅうじょう》につながれた1頭の母ウシは、

おとなしくえさを食べながら、お乳をしぼらせる。乳首はあたたかくてプニョプニョ。軽くにぎると、ビュッとミルクが飛び出す。子どもより親のほうが興奮《こうふん》している。

長く担当している関口純一《せきぐちじゅんいち》さんによると、1回30分の乳しぼりタイムに、多いときには500人以上も集まるという。

人間は母乳だけでなく、ウシのお乳でも育てられている。お乳だけでなく、ウシの肉も食べる。そのウシの食べ物は草だ。草の命をもらって生きるウシ。そのウシの命をもらって生きる人間……。

「私たちの命は、たくさんの命からできている。だから大切なんだよ、と子どもたちに伝えたいのです」

実物のウシを目の前に聞く関口さんの言葉は、剛速球《ごうそっきゅう》でズドンと心に届いた。

ふれあいの運営は、無事故が前提とされる。万全の態勢でお客さんを迎《むか》えるために、野生動物の倍ぐらい人手をかけるという。それでも提供し続けるのは、ふれあいにより動物から教えられることが無限にあるからなのだ。

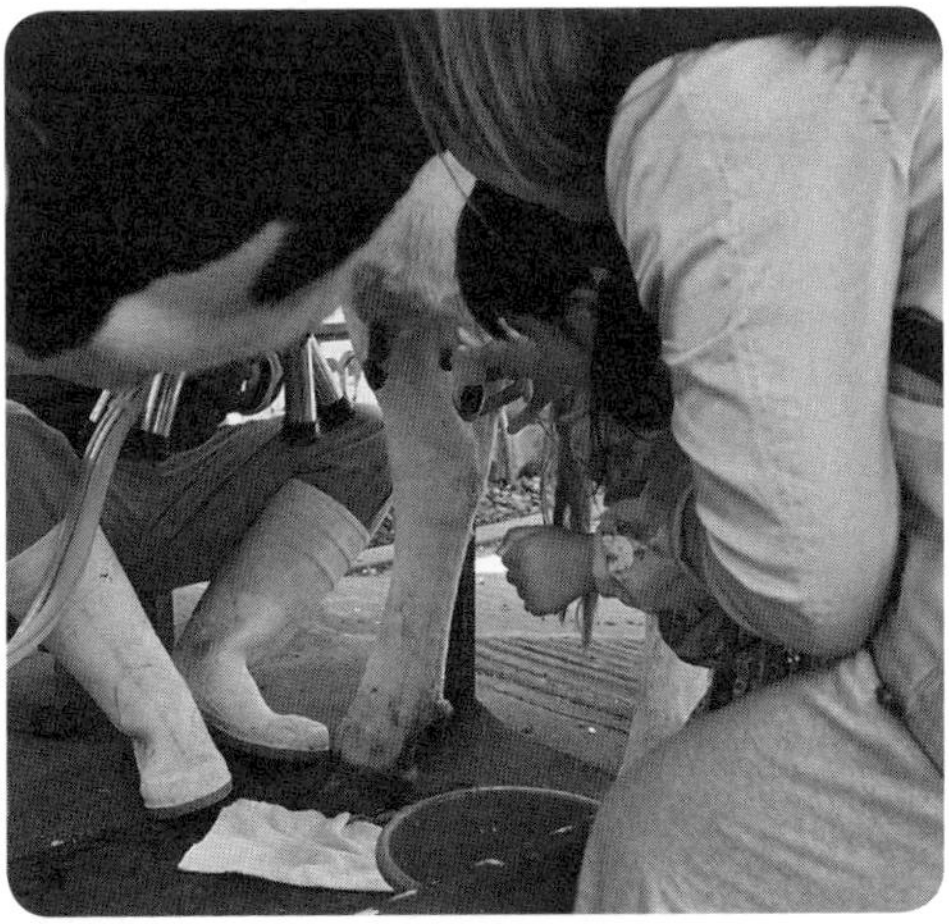

上手にしぼれるとうれしい。乳しぼりは貴重な体験だ

ミニドキュメント 2 放し飼いの群れをあつかう

動物と同じ空間に入るということ

姫路《ひめじ》セントラルパーク
坂出 勝さん

サファリパークに入場！

サファリパークは、ひと言で言うと、動物が放し飼《が》いになっている動物園だ。お客さんは展示空間の中を、マイカーや専用バスでめぐって動物に接近する。

一般《いっぱん》の動物園とは異なるサファリパークの飼育員は、どんな仕事をするのだろう?

兵庫県姫路市《ひょうごけんひめじし》の姫路《ひめじ》セントラルパーク、通称姫《ひめ》センの坂出勝さんに、園内を回りながらお話をうかがった。坂出さんは姫センがオープンした1984年に、飼育員として入社。現在は副園長を務める大ベテランだ。

坂出さんの運転する、シマウマ模様のジープに乗りこんで、出発！

まわりを山で囲まれた道を少し走ると、巨《きょ》

大《だい》なおりのようなゲートが現れた。スピードを落として近付くと、ゲートのとびらがゆっくり開く。そのまま進入してストップ。入ってきたとびらが閉じて、こんどは前方のとびらが開いた。

2段階の厳重なとびらを設けているのは、動物を絶対に外に出さないため。ゲートの横に監視塔《かんしとう》があり、スタッフがつねに目を光らせている。動物がゲート付近にいないことを確かめて、慎重《しんちょう》にとびらの開閉を操作する。

メーンの仕事は「監視《かんし》」

ゲートを抜《ぬ》けて、チーターのセクションに入った。アスファルトの1本道の両側に草地が広がり、木や岩が配置されている。

けれども、チーターはどこにも見あたらない。あそこ、と坂出さんの指す方向に目をこらすと、いたいた。寝《ね》そべって日光浴をしている。斑点《はんてん》模様の派手《はで》なからだが、くさむらではなぜか目立たない。

ゆっくりと進み、再び現れたゲートを入ってきたときと同じ手順で通過。

広いエリアの中央に岩山があり、ライオンの群れが点在している。それぞれの群れは、2〜3頭のオスと複数のメスや子どもからなり、プライドとよばれる。

道路のわきに目をやると、同じシマウマ模様の車が待機していた。

「動物の健康管理と行動観察は当然ですが、サファリパークで働く飼育員のメーンの仕事は、監視《かんし》です。動物とお客さん両方の動きを車の中から注意深く見ています」

観察ではなく、監視《かんし》なのだ。その言葉から、ただならぬ緊張感《きんちょうかん》が伝わってくる。飼育員はセクション内全体を見渡《みわた》して、お客さんの車や動物の動きに異常《いじょう》を見つけたら、ただちに出動する。動物どうしの闘争《とうそう》に割って入り、仲裁することもあるという。

「一般《いっぱん》の動物園では、動物をいったん運動場に放すと、飼育員はほぼ手を出せません。ぼくらは同じ空間にいて、猛獣《もうじゅう》だろうがコントロールをする。そこは大きな違《ちが》いですね」

トラは別格！

ゲートを通過して、トラのセクションへ。池のほとり、木の台の上、岩の上。トラは1頭ずつ、離《はな》れた場所にいる。彼《かれ》らは3兄弟だ。

長年、猛獣《もうじゅう》を担当してきた坂出さんいわく、トラは別格の存在。ライオンと異なり、トラは単独生活をする。兄弟ならば、けんかの心配は少ないが、そうでない個体どうしを複数で飼《か》うのは一筋縄《ひとすじなわ》ではいかない。高度な飼育《しいく》技術を要するという。

そのさいは、初対面のトラどうしのはじめての顔合わせが肝心《かんじん》だ。飼育員が立ち会い、場合によっては、あえてけんかをさせる。上下関係がはっきりすれば、むだな争いを起こさないからだ。

飼育員は、決着がついたところで2頭を引き離《はな》すわけだが、タイミングや車の操作が難しい。上手にけんかをさせる技術を身につけるには、それこそ経験を積むしかない。

「うちの猛獣類《もうじゅうるい》の飼育はトラをあつかえるようになったら一人前、と言われています」

トラを見つめる坂出さんの横顔は、敬愛の念に満ちていた。

ところで肉食獣《にくしょくじゅう》たちは、夜間はどこで過ごすのだろう。

飼育員は車内に待機して、お客さんを誘導したり注意をよびかけたりもする

「それぞれの寝室《しんしつ》に収容します。1日1回、夕方に食事をとるように体内時計をつくり、部屋に帰ってくるトレーニングをしています。その時間帯になると、みんなおなかをすかせて帰ってきます」

一般《いっぱん》の動物園でも、同じような方法で収容しているようだ。

草食動物との距離感《きょりかん》

後半は草食動物の登場だ。キリンのファミリー、シマウマにアキシスジカの群れ……。さまざまな種類の数多くの動物が、ひとつの空間にいる。この迫力《はくりょく》ある風景こそがサファリパークの醍醐味《だいごみ》ではないだろうか。

食べたり休憩《きゅうけい》したり、毛づくろいをしたり。気ままに過ごす動物たちの近くで、飼育員が車から降りて、はきそうじをしている。

「草食とはいえ野生動物なので、車外での作業はこわいです。ちょっとした物音や突風《とっぷう》などにおどろいて、パニックを起こすこともありますからね。数が多いし、なかには長い角を持つものもいる。360度気を抜《ぬ》けません」

家畜《かちく》やペットのような感覚でいると、大まちがい。むやみにさわったり、無防備に接近したりするのは危険だ。

それでも、動物のくらす場所を飼育員がみずからのあしで歩くことは大事。地面がでこぼこしている、すべりやすい、石ころが多くてあしの裏が痛い、など見た目にはわからない問題点に気付く。土を盛《も》ったり、ほうきではいてならしたりすることで、自分たちの手でこまめにメンテナンスができる。

草食動物は、あしが命だ。骨折やケガを負い自力で立てなくなると、死に直結しかねない。自然に近い環境《かんきょう》の中で、いきいきと活動する動物の姿を見てもらうために、飼育員にできることは山ほどありそうだ。

自動車免許《めんきょ》は必需品

草食動物のうち、キリン、サイ、ゾウなど特定の動物は、夜間は寝室《しんしつ》に収容することを義務づけられている。動物たちも慣れたもので、車で少し追うと、すんなり帰って行った。清潔に整えられた寝室《しんしつ》に、おいしい晩ごはんが待っているのを知っているのだ。

そのほかの草食動物は、基本的に屋外に出したままだが、毎朝、車で回って頭数と状態を確かめる。ケガをした個体や妊娠中《にんしんちゅう》のメス、赤ちゃんなどは特に気をつけて観察する。

「あそこにいるムフロンの子どもたち、きのうの夜に生まれたんです。だけど、双子《ふたご》なの

繊細なオグロヌーは飼育が難しい。日本で見られるのは姫センだけ！

で小さくてね。3月はまだまだ寒いので、心配です。がんばって育ってほしいなあ」

生後2日目で、もう達者に岩場を歩き回っている。驚異的《きょういてき》なたくましさ。草食動物は地味なイメージだが、担当するうちにほれこむ飼育員も多い、というのは納得がいく。

「草食動物の魅力《みりょく》を、お客さんにもっと伝えていきたいです」

坂出さんは力強く語ってくれた。

まとめると、サファリパークの飼育員の仕事は、①動物のいる空間に入って監視《かんし》する、②群れをあつかう、という点が独特だ。一般《いっぱん》の動物園と異なり、動物1頭1頭と親密な関係を築くような感じではない。また、車での移動が当然であるため、自動車の普通免許《ふつうめんきょ》は必須《ひっす》だ。オートマチックも運転できるマニュアルの免許《めんきょ》を取得しておくといいだろう。

ミニドキュメント 3 希少動物の繁殖に取り組む

夢に向かって前進！ ホッキョクグマの春

上《う》野《の》動《どう》物《ぶつ》園《えん》
乙《おと》津《づ》和《わ》歌《か》さん

注目のカップル

ゴールデンウィーク前日の小雨の降る朝。開園直後の上野動物園では、どこかそわそわした空気がただよっていた。

ホッキョクグマ舎に向かうと、飼育員の乙津和歌さんがいた。防水ウェアを着てキャップをかぶり、お客さんのいる通路から、運動場を見つめている。視線の先には、じゃれあう2頭のホッキョクグマ。デアとイコロだ。

メスのデアは２００８年、イタリアのファサーノサファリで生まれ、11年に来日した。イコロは同じく08年に、北海道《ほっかいどう》の札《さっ》幌《ぽろ》市《し》円《まる》山《やま》動《どう》物《ぶつ》園《えん》で生まれ、15年４月に上野にやってきた。デアのおむこさんになるためだ。

ホッキョクグマは４～８歳《さい》で性成熟し、７

歳《さい》ごろから繁殖《はんしょく》行動が見られるようになる。ちょうど適齢期《てきれいき》に差しかかった、デアとイコロをペアにして、赤ちゃんを生んでもらおうという計画が持ち上がったのだ。

上野動物園は、BL（ブリーディングローン　78ページ参照）として、円山動物園からイコロを借り受けたのである。

同居の初公開

じつはこの日は、2頭の「同居」がはじめて公開された、記念すべき日。ふだんは、この広い運動場と、隣接《りんせつ》した小さめの運動場の2カ所で、べつべつに展示している。

「ホッキョクグマは、野生では単独で生活する動物です。オスとメスは、繁殖期《はんしょくき》だけしか行動をともにしません。それを反映して、イコロがうちにきてから1年間、ずっとデアと別居させていました」

乙津さんが説明してくれた。繁殖期《はんしょくき》は春から初夏にかけてだ。

「少し前から休園日に、2頭いっしょに運動場に出して、ようすを見ていたのです。今日は試験的に1日だけ、お客さんの前で同居させてみることにしました」

ホッキョクグマは、メスの発情にオスが反応して、交尾《こうび》行動にいたる。デアに強い発情が現れ始めたら、お客さんが大勢いようが、すぐにイコロと同居させなくてはならない。そのため、ゴールデンウィーク前に試して、感触《かんしょく》をつかんでおきたかったのだ。

同居までの道のり

デアとイコロの同居にこぎつけるまで、乙津さんたち飼育員は、慎重《しんちょう》に準備を進めてきた。何よりも恐《おそ》れていたのは、けんかだ。メスがオスに攻撃《こうげき》されて、致命的《ちめいてき》な傷を負うこともあり得る。それは絶対に避《さ》けたい。無理をせず、2頭の距離《きょり》をゆっくり近付けていこうと考えた。

最初は、寝室《しんしつ》でのお見合いからスタート。まず、となり合わせの部屋の小さな窓を開けて、おたがいを認識させる。つぎに1頭を通路に出して、部屋の中にいる相手と、柵越《さくご》しに面会。慣れてきたら、部屋を開放して直接対面、つまり同居という手順だ。

同居させるときは、必ず飼育員が見張りについた。寝室《しんしつ》は、すぐ部屋に逃《に》げこめる構造にはなっているが、高圧洗浄機《せんじょうき》や消防用のホース、長い棒など、危険を感じたら力ずくで2頭を引き離《はな》すための道具も、念のため手元に用意した。

厳戒《げんかい》態勢の中、デアとイコロは寝室《しんしつ》での同居を問題なくクリア。いよいよ運動場に、2頭を同時に出す日を迎《むか》えた。

「はじめて休園日に同居させたときは、消防用ホースをじっとかまえて、いつでも放水できる状態で見守りました」

いまはそこまでしないが、同居の日は運動場に面したバルコニーに、好物の肉や氷を入れたバケツ、遊び道具のポリタンク、爆竹《ばくちく》などを置いている。いざというとき運動場に投げ入れて、気をそらすための必需品だ。

「心配していたようなことは、これまで何ひとつ起きていません。ペアの相性はよさそうですね。今日も、お客さんが見ている中でどうかなと思いましたが、落ち着いています。休園日と変わらないようすです」

乙津さんは、ひとまず胸をなでおろした。

デア（左）に近づくイコロ。ともに繁殖経験豊富な両親を持つ、良血のカップルだ

ホッキョクグマ社会も少子高齢化《こうれいか》

日本の動物園・水族館のホッキョクグマは、1995年に33の施設《しせつ》で67頭（オス31頭、メス36頭）が飼育されていたのをピークに、数が減り続けている。

2020年2月現在、21施設《しせつ》にオスは13頭、メスは25頭。近年では12年、14年に数頭ずつ子どもが生まれているが、トータルでは死亡数のほうが上回る。

また、メスの半数の個体が20歳《さい》を超《こ》えている。ホッキョクグマは、飼育下で30歳《さい》まで生きるものは少なく、メスの出産の限界は25歳《さい》くらいといわれる。人間社会と同様に、少子高齢化《こうれいか》が進んでいるのだ。

このままでは、日本のホッキョクグマの飼育は先細りするばかり。いや、海外でも同じ状況《じょうきょう》といえる。野生から入ってこない以上、ホッキョクグマを絶やさないためには、自分たちの手で増やすしかない。世界中の動物園・水族館が協力して活発にBLを行い、繁《はん》殖《しょく》に力を入れ始めている。

まさに切羽詰《せっぱつ》まった状況《じょうきょう》で、ペアになった若いデアとイコロ。国内外の動物園・水族館、それにホッキョクグマのファンが、赤ちゃんを期待しないわけがない。

プレッシャーもあるけれど

運動場では、デアの後ろにイコロがついて、連れ立って歩き回っている。オスは、メスが発情しているかどうか、おしりのにおいをかいで確かめるために追いかけるそうだ。

「デアは追いかけられると、ちょっとこわい。でも、ほうっておかれるのもいやだ。自分から近付いて誘《さそ》っておいて、イコロが向かってくると、カッカッと吠《ほ》えて追い払《はら》う。したたかですね、メスは」

水に浮かぶプラスチック用品は楽しいおもちゃ

初々しいカップルの行動を、愛おしそうに解説してくれる乙津さん。乙津さんが、ホッキョクグマのペアを担当するのは2度目だ。前のペアは、オスが12歳《さい》でBLでやってきたとき、メスは16歳《さい》。仲はよく交尾《こうび》も見られたものの、子どもを授からずに寿命《じゅみょう》を迎《むか》えた。

「デアとイコロはこれ以上ない条件で出会った。繁殖《はんしょく》させないと、ペアにした意味がありません。プレッシャーは結構大きい」

乙津さんは20年近いキャリアの中で、まだ担当動物の繁殖《はんしょく》を果たせていない。もっとも、これまで担当してきたのは、ホッキョクグマ、アジアゾウ、アフリカゾウ。数も少なく、繁《はん》殖《しょく》の難しい動物ばかりなのだった。

上野動物園初の赤ちゃん誕生を楽しみに

命をつながなくては、という使命感はおおいにある、と乙津さんは話す。

「でも、繁殖《はんしょく》そのものに、ぼく自身とても興味がある。こうして飼育員になったからには、ぜひ繁殖《はんしょく》を経験してみたいです。今回の大きなチャンスに成功させて、みなさんの期待にこたえたいですね」

いつしか、まわりには人が増えていた。お客さんにまじって、事務や売店のスタッフもいる。初同居のうわさを聞きつけてきたのだろう。みんな、わが子、わが孫のことのように、若いペアをあたたかく見守っていた。

後日談になるが、初の繁殖《はんしょく》シーズンを終えて受胎《じゅたい》は見られなかった。でも難関の同居に成功し、挑戦《ちょうせん》は始まったばかり。静かに待とう、動物と飼育員の努力が実を結ぶ日を。

動物園飼育員の生活と収入

土日祝日出勤が基本!休暇制度も整っている

動物中心の生活

飼育員は生きている動物、命を相手にする職業です。体調のよくないもの、出産を間近にひかえたものなどがいれば、ふだんより早く出勤したり、帰宅が遅《おそ》くなったりもします。場合によっては休日出勤も必要となります。

自分の都合ではなく、動物の都合を尊重する、動物中心の生活です。

勤務時間

動物園の開園時間は施設《しせつ》によって違《ちが》いますが、午前9時~午後5時を基準にして、30分ほど前後するようなパターンが多く見られます。

飼育員は、開園の1時間前には出勤し、動物を運動場に出してお客さんを迎《むか》えます。午前中はバックヤードの作業が中心で、あわただしく時間が過ぎていきます。昼休みは1時間程度ですが、忙《いそが》しい日は早目に切り上げて仕事にもどります。

午後は比較的《ひかくてき》ゆとりがあります。平日であれば、動物を観察する時間も確保しやすいようです。

夕方、動物を収容して閉園後チームのミーティングなどがあり、日誌をつけて帰宅となります。動物の体調しだいでは遅《おそ》くなることがあります。また、動物の緊急《きんきゅう》事態で連絡《れんらく》がきたら、夜中に出勤する場合もあります。

休日

週休2日制が基本です。飼育チームの中で話し合い、なるべく休みが重ならないように調整します。ただし、お客さんの多い土日祝日、そして休園日は基本的に勤務日となります。

カバのプールそうじの日はふだんの１時間前に出勤

“夜の動物園”開催日は動物とともに残業

動物園は、世間の休日にあわせて開園し、遊びに来てもらう施設《しせつ》。働いている側はカレンダー通りには休めません。連休をとるときは、こうした世間の連休ははずします。

事情があって休みを交換《こうかん》してほしいときや、土日祝日に休みたいときは、チームの仲間に相談します。困ったときにたがいに助け合うためにも、日頃《ひごろ》のコミュニケーションは大切なのです。

休園日は、日頃《ひごろ》お客さんがいるとできない仕事にあてる、貴重な日です。園内を車で移動もできます。運動場に遊木を設置したり、広い展示施設《しせつ》をみんなでそうじしたり。よそへ移動する動物は、たいてい休園日に送り出します。

獣医師《じゅういし》は、動物病院に運びこめない大型動物の治療《ちりょう》や検査を、集中して行います。その場合は飼育員もつきそいます。

収入

動物園には、公立と私立があります。

公立の場合、飼育員は地方公共団体の公務員になります。そのため公務員の給料と同じ金額です。

私立の場合は、各施設《かくしせつ》が金額を決めます。

公立でも私立でも、担当動物の種類や数によって給料に差をつくことはありません。

産休・育休制度

公立、私立ともに、産前休業・産後休業（産休）、育児休業（育休）の制度が整っています。日数は施設《しせつ》によって異なりますが、一般《いっぱん》には出産後も復帰して飼育員を続けることができます（次ページのコラム参照）。水族館も同様です。

コラム

「動物園でも母、家庭でも母」であるために

出産は女性にとって、人生最大のできごとのひとつだ。社会の動向と同様に、動物園・水族館でも休業制度を整えて、出産とその後の職場復帰を後押《あとお》ししている。子どもを二人育てた現役の飼育員、愛媛《えひめ》県立《けんりつ》とべ動物園《どうぶつえん》の二宮香澄《にのみやかすみ》さんに、仕事と家庭の両立について話を聞いた。

二宮さんは京都府《きょうとふ》の動物専門学校を卒業。1988年から愛媛県立とべ動物園に勤務している。3年目の23歳《さい》のとき、6歳《さい》年上の先輩《せんぱい》飼育員と結婚《けっこん》、26歳《さい》で第一子を出産した。当時は、現在と同じ産休制度がすでにあり、育休がスタートしたばかり。二宮さんは、とべ動物園ではじめて育休を取得した。でも、1年間も仕事を離《はな》れるのは勇気がいる。

「復帰したら、また飼育員としてがんばる。そのために休んで、しっかり親子の関係を育もうと、自分に言い聞かせました」

ただし、復帰には大きな課題があった。飼育員は原則として、土日祝日は仕事だ。そのため保育所を利用できない。保育所以外で、子どもを安心して託《たく》せる存在が不可欠だった。そこで一人ぐらしをしていた夫の母親を招いて、同居してもらうことにした。おかげで二宮さんは、育休中は子育てに専念し、予定通りに復帰を果たすことができたのだ。

復帰した直後は、からだがきつかった。筋肉が落ちて、おしりは重いし、あしは上がらない。楽に動けるようになるまでに、半年かかった。

仕事の勘《かん》は取りもどせたが、疲《つか》れて家に帰ってもやるべきことがいっぱい。時間はつねに足りないので、仕事も家事も、段取りを考えるようになった。すわると動けなくなってしまうから、大事なことから片付けていく。1日の終わりに、ゆっくりおふろに入るのが、唯一《ゆいいつ》のリラックスタイムだった。

二宮さんは29歳《さい》で第二子を出産した。風邪《かぜ》や熱で子どもが学校を休んだときなど、動物の世話をしていて、わが子の世話ができないなんて、と葛藤《かっとう》もストレスも激しかったという。でも、飼育員を一生の

仕事にしたい、という初心は揺《ゆ》らがなかった。

　動物の母であり、子どもの母でありたい。だから、夫や母に相談し、職場の同僚《どうりょう》たちともコミュニケーションをとり、事情をわかってもらう努力をした。すると、だれかが助け舟《ぶね》を出してくれる。周囲のサポートなしには、仕事と家庭は両立できなかった。

「私は制度を利用して休むことや、家庭を優先することが、子育て中の〝権利〟だとは考えませんでした」。無理を聞いてもらえば、どこかに負担がかかる。それを当然と思っては、いけないだろう。

　一方、子育てをした経験は、仕事に生きている。たとえば、人工哺育《ほいく》中のサルの赤ちゃんの、唾液《だえき》の変化に気付いた。同じことが自分の子にもあった。それこそが、離乳《りにゅう》時期を示すサインだったのだ。また、子育てをしない母親がいれば、何かが足りないのかな、と想像力を働かせる。以前よりも、きめ細かく動物を見られるようになった。

　いまは二人の子どもも成長し、そろそろ手を離《はな》れようとしているけれど、二宮さんの1日はあまり変わらない。朝5時30分に起きてから、おふろに入るまでフル稼働《かどう》。だけど最近は、夫とウォーキングを楽しむ夜もある。虫の声や星の光に包まれて、汗《あせ》を流すのが心地良い。

「飼育員と家庭の両立は、強い意思があればできると思います。まわりの人の気持ちも、よく考えてね。あとはパートナーの理解と協力。大事です！」

動物園の動物は、ペットではない！組織で動物を飼う心構えと道のり

「好き」の意味を考える

「いきものが好きなだけでは飼育の仕事はできない、とよく言うけれど、好きでないと絶対にできない」。仕事を始めてそう実感している、と若手の飼育員が話していました。

好きだけではできないのは、ひとつには動物園の動物はペットではないからです。ペットは個人の所有物なので、どんな飼《か》い方をしてもかまいません。もちろん虐待《ぎゃくたい》は問題外。でも、動物園の動物は、動物園の財産です。厳密には動物園が所属する地方公共団体や会社の財産であり、最終的には地球の財産。ですから個人ではなく組織で飼《か》います。ひとりが休んでも、ほかの人が世話をできるように、みんなで責任を持って動物を共有します。好きだから、自分がそばにいようがいまいが関係なく、動物がいつも通り元気でいてく

れたらうれしい。飼育員の「好き」とは、こういうものではないでしょうか。

好きだから、他人にはさわらせたくない、何もかも自分ひとりでやりたい、というのはペットに対する感覚です。自己中心的な態度は組織では通用しません。

ペットにしても、動物園の動物にしても、好きなものを大切に思う気持ちは共通しています。どう接するのがその動物にとって、いちばん良いのか、動物優先で考えましょう。

つらい別れを乗り越《こ》える

担当動物が死ぬと、飼育員は獣医師《じゅうい し》といっしょに必ず解剖《かいぼう》します。からだの中をくまなく見て、病気について学ぶことができるし、感染症《かんせんしょう》が原因なら、ほかの動物を検査して予防につなげられます。内臓を見れば、食事の内容が適切だったかどうかなどもわかります。解剖《かいぼう》して得た情報を、いま生きているものに役立てるのです。

「解剖《かいぼう》は答え合わせみたいなもの。自分がいまま

ある飼育員の言葉。「動物が自立して生きている姿が好き」

でしてきた飼育が正しかったかどうかがわかる」。

そう話す飼育員もいました。

解剖《かいぼう》の結果は、担当動物からの最後の贈《おく》り物です。多くを与《あた》えてくれた動物たちに感謝の意をこめて、動物慰霊碑《いれいひ》を建立し、慰霊祭《いれいさい》を開いている施設《しせつ》もあります。

また、ＢＬなどで、よその施設《しせつ》に行く動物との別れもあります。

どんな別れもつらいものですが、目の前には世話をすべき動物たちがいます。ある飼育員は、「気持ちを切り替《か》えて仕事をして、休みの日に思い切り泣く」と言っていました。こういうところも、好きだけではできない、と言われる理由です。そして、悲しみを乗り越《こ》えていけるのは、やっぱり動物が大好きだからです。

上野動物園にある動物慰霊碑

動物園飼育員に向いているのはこんな人

この本に登場した飼育員のみなさんは、飼育員が天職だな、と思えるような人ばかりでした。その共通点は、つぎのようなところです。

・動物が大好き
・気配りができる
・からだを動かすのをいとわない
・人と話すのが好き
・知らないことは知らないと言える
・チームワークを大切にする
・負けずぎらいである
・客観性があり感情に流されない

まず動物が好き、からスタートする仕事です。好きだから興味をもち、もっと知りたくなって勉強するものです。好きなことには楽しく取り組めて、長続きします。

じつは飼育員というのは、サービス業の要素も強い職業です。動物だけでなく、つねにお客さんも相手にします。伝える仕事なので、人前で話すのが得意な人は、それが強味になるでしょう。ただ、動物については未知なことも多いので、知ったかぶりは禁物です。動物を最優先に考えながら、お客さんにも楽しんでもらえるように気配りができる。そんな客観性も身につけた、からだも心もタフな飼育員が求められています。

動物園飼育員になるまでの道のり

動物園の飼育員になるには、高校卒業後の進路が、おもに二つあります。

ひとつは、動物の専門学校です。私立の2年制の学校が多く、さまざまなコースに分かれています。動物園や水族館での実習をすすめていて、何カ所も実習に通い、自分に合う施設《しせつ》をさがす人もいます。

もうひとつは、大学に進学して畜産《ちくさん》学部や農学部で学ぶコースです。やはり動物園実習を経験します。学芸員の資格を取得しておくのもいいでしょう。

一般《いっぱん》の企業《きぎょう》などと違《ちが》い、基本的に欠員が出ないと募集《ぼしゅう》はありません。各園のホームページで募集《ぼしゅう》をさがして応募《おうぼ》する人が多いようです。臨時職員の募集《ぼしゅう》もあるので、まずは挑戦《ちょうせん》してみるのもいいでしょう。知り合いになった飼育員が募集《ぼしゅう》情報を教えてくれた、という耳寄りな話も聞きました。

公立の動物園は、地方公務員試験合格が条件となる場合があります。合格しても動物園に配属されるとは限りませんが、専門職の飼育員として採用されると、定年まで異動はなく動物園でずっと働くことができます。

サファリパーク希望なら、普通《ふつう》自動車免許《めんきょ》が必須《ひっす》です。サファリ以外でも、自動車免許《めんきょ》を取得しておくと役に立ちます。外国からのお客さんに対応できるように、語学力を身につけることもおすすめします。

動物園に行こう！

いまは、新しいアミューズメントパークなどの遊び場がつぎつぎに登場している時代です。でも動物園には、昔《むかし》から変わらないよさがあります。それは、動物たちの魅力《みりょく》です。

「待ってます！」

動物たちの魅力《みりょく》をもっと伝えて、動物園を楽しく学べる場にするのは、飼育員の使命です。そのためには、動物とお客さんが求めているものを知る努力も大事です。動物とお客さんのあいだを取り持つ、名通訳をめざしてほしいと思います。ヒントは動物園にあるはず。

さあ、動物園に出かけましょう！

動物たちに会いに行きましょう！

ミニドキュメント 4 動物園飼育員をめざすあなたへのメッセージ

動物園生活40年！毎日が勉強だった

上野《うえの》動物園《どうぶつえん》 元園長《もとえんちょう》
小《こ》宮《みや》輝《てる》之《ゆき》さん

小宮輝之さんは、1972年から2011年まで40年間、東京都の動物園に勤めた。多《た》摩《ま》動物公園《どうぶつこうえん》の飼育員からスタートし、上野動物園、井《い》の頭《かしら》自然《しぜん》文化園《ぶんかえん》を経て、再び多摩、上野と、三つの園のあいだで異動。最後の7年間は上野動物園の園長に就いた。

長い飼育員人生で、小宮さんが一貫《いっかん》して力を注いできたのは、日本の野生動物や家畜《かちく》を紹介《しょうかい》することだ。難しいノウサギの飼育を成功させたり、希少な在来種のウマやウシを収集したり。園長就任後には、世界初の冬眠《とうみん》するツキノワグマの展示を実現。その後、冬《とう》眠中《みんちゅう》に赤ちゃんまで生まれたのである。

ここからは、「動物と動物園のマニア」とみずからを分析《ぶんせき》する、大先輩《だいせんぱい》からのメッセージに、耳をかたむけよう。

身近ないきものを飼《か》ってみよう

はじめに、私は飼育員をめざすみなさんに身近ないきものを飼《か》ってみることをすすめます。ミミズでもダンゴムシでも、魚でも虫でもかまいません。自然の中で採集して、家で飼《か》ってみましょう。

飼育ケースを用意しなくても、タッパーや発泡《はっぽう》スチロールの箱《はこ》などで十分です。できればその中に、いきものがいた場所のような環《かん》境《きょう》をつくる。そして1日か2日、一生懸命《けんめい》に観察したら、もとのところに逃《に》がしてもいいし、そのまま飼《か》い続けてみるのもいい。

いきものをどうやって生かすか、試行錯誤《さくご》するのがおもしろいところです。身近な自然とつきあえる人のほうが、動物園のいきものの飼育も、うまいと思いますね。

動物園は学校だった

いきものを飼《か》い続けていると、いつかは死にます。悲しいけれど、命を終えたことをマイナスにとらえるのではなく、どうして死んでしまったのか、見つめ直すのが大事です。

私が飼育員になってはじめて担当したのは、キツネやシカ、イノシシ、ノウサギなど日本産の動物と、ヤギやロバなどの家畜《かちく》でした。誕生《たんじょう》から死まで、すぐに経験できたので、新人ながら自分の思う飼育法をつぎつぎに試すことができました。死から学び、何度も何度も挑戦《ちょうせん》し、技術を身につけていったのです。

ゾウやゴリラのようなスターだと、こんなふうにはいきません。身近にいるふつうの動物だったからこそできたのです。

いま思えば、私にとって動物園は学校みた

若いころの小宮さん。最初に勤めた多摩動物公園で

いなものでした。40年、毎日が勉強でしたね。先生はいきものたち。特に日本産の動物と家《か》畜《ちく》は大先生です。感謝しています。

動物と動物園と人間が好き

昔《むかし》、お客さんから相談を受けました。

「うちの子は人と話すのは苦手だけど、動物とはなかよくつきあえます。飼育員にしたいのですがどうでしょう」

人づきあいができないから飼育員に、とは失礼な話です。実際は、人間は苦手、動物とだけつきあいたい、という人は、動物園の飼育員にならないほうが良いと思います。

なぜかというと、ふつう動物園では個人ではなく、チームで動物を担当します。チームワークを大切にできない人は、仕事に支障をきたします。また、お客さんと話さないことには、いきものの魅力《みりょく》を伝えられません。

動物園は（水族館も）、ほかの園との交流も活発です。私も仕事の枠《わく》を超《こ》えて、ずっと親しくしている仲間がいます。動物と動物園と人間が好きな、似た者どうしばかりです。

そういえば、年齢別《ねんれいべつ》の動物園入場者数では、中学生、高校生がいちばん少ないそうです。

1964年、高校生の私が上野動物園に来ていると、東京《とうきょう》五輪《ごりん》開会式の航空ショーが見えました。当時の園長が「こんな日に、ここにいるみなさんは、よほど動物園が好きなんですね」と笑っていたのを覚えています。

私の経験から、飼育員をめざす熱意は、継《けい》続的《ぞくてき》に動物園とかかわっていたほうが、保持できるように思います。動物園友の会などに入るもよし。将来、そのときがくるまで、熱い思いを燃やし続けていてください。

飼育員時代から動物の足型を収集してきた。写真はアフリカゾウの足型をとっているところ

3章

水族館飼育員の世界

水族館小史

誕生は1882年。進化を続ける日本の水族館

魚と人の記録

水族館は、生きているものを収集・飼育・展示・公開している施設《しせつ》のうち、魚類を中心とした水生生物を、おもにあつかう施設《しせつ》です。

人間が魚を飼《か》うことは、紀元前２５００年ごろにはすでに始まっていました。シュメール人が淡水魚《たんすいぎょ》を飼育していた記録が残されています。また、古代ローマでは紀元前の時代から、ウツボの仲間を食用と観賞用に分けて、海水で飼《か》っていたそうです。紀元1世紀のポンペイの遺跡《いせき》からも、ウツボ用と思われる石の水槽《すいそう》や屋内の池が発掘《はっくつ》されています。

水族館の誕生《たんじょう》

水族館に不可欠のガラスの水槽《すいそう》は、16〜17世紀に登場します。動物園の小史でもふれた、18世紀のフランスのメナジェリー、ジャルダン・デ・プラントの展示にも、魚の水槽《すいそう》がありました。のちに視察に訪れた福沢諭吉は、それを見てとてもおどろいたそうです。

19世紀に入り、いよいよ世界初の水族館が誕生《たんじょう》します。１８５３年、ロンドン動物園の一角につくられた「フィッシュ・ハウス」です。温室のような建物の中に、ヒトデやイソギンチャクなどの水槽《すいそう》がならべて展示されました。

その後、動物園と並行《へいこう》してヨーロッパ各地に水族館があいついで建設されました。水槽《すいそう》を台の上に置いてならべる展示が主流でしたが、１８７２年にイギリスにオープンしたブライトン水族館には、埋《う》め込《こ》み式の壁面《へきめん》水槽《すいそう》が早くも登場しました。

まるで絵画のような壁面水槽

日本の水族館の誕生《たんじょう》

日本でも平安時代《へいあんじだい》の貴族の屋敷《やしき》の池で、コイなどが観賞用に飼《か》われてきました。室町時《むろまちじ》代《だい》に中国《ちゅうごく》から入ってきた金魚は、江戸時代《えどじだい》になって庶民《しょみん》のあいだで観賞魚としてブームになります。金魚売りから買った金魚を、ガラスの容器や陶器《とうき》の鉢《はち》に入れて楽しみました。

1882年、上野動物園《うえのどうぶつえん》の開園から半年後、園内に日本初の水族館「観魚室《うおのぞき》」が誕生《たんじょう》しました。れんが造りの建物の中に淡水《たんすい》の水槽《すいそう》が10個という、こぢんまりしたもので、金魚やコイ、イモリなどが飼育されていました。

近代的な水族館の第1号とされるのは、1897年に神戸に開設した和田岬水族館《わだみさきすいぞくかん》です。動物学者の飯島魁《いいじまいさお》が手がけた施設《しせつ》で、いきものを長生きさせることをめざし、循環《じゅんかん》ろ過装置《かそうち》が設けられました。魚の孵化《ふか》を見せる展示も行われています。今日《こんにち》の日本の水族館につながる基礎《きそ》を築いた、先駆《せんく》的な施設《しせつ》でした。

水族館は生きている

誕生《たんじょう》から130年以上経て、いまなお日本の水族館は進化のまっただ中にあります。水温調節のできる熱交換装置《ねつこうかんそうち》の導入、じょうぶで加工しやすいアクリルを使った巨大水《きょだいすい》

さまざまな設備が進化していく水族館

槽《そう》やトンネル水槽《すいそう》などの開発で、展示できるいきものの種類が大幅《おおはば》に増えました。

海から離《はな》れた都市部やビルの中にも、人工海水製造システムを利用した都市型水族館が進出しています。

水の中の世界だけでなく、鳥もいれば哺《ほ》乳類《にゅうるい》もいる、水辺の豊かな生態系を表現しようという展示の試みも見受けられます。

ただ、どんなに新しくてりっぱな水槽《すいそう》も、それだけではただの水槽《すいそう》です。人がいきものに親しむという意味では、江戸時代の金魚鉢《きんぎょばち》にかなわないかもしれません。でも、命を吹《ふ》きこんであげられたら、いきものの魅力《みりょく》を引き出して、人との距離《きょり》をきっとちぢめてくれるはず。その役目ができるのは、水族館の飼育員だけです。

水族館飼育員の誕生と現在

チームで仕事 繁殖も目標に

水族館で働く人たち

水族館がめざす四つの役割は、①種の保存、②調査・研究、③教育・環境《かんきょう》教育、④レクリエーション。役割を果たすために、いきもののいる現場と、その周辺で働くおもな人たちを紹介《しょうかい》します。

●いきもののいる現場

飼育員　飼育展示して、いきものの魅力《みりょく》を伝えます。いきものを収集することもあります。

獣医師《じゅういし》　治療《ちりょう》や検査を行います。飼育員を兼任する場合もあります。

設備管理　水質にかかわる、循環《じゅんかん》ろ過装置《かそうち》や熱交換装置《ねつこうかんそうち》などの管理から、電球の交換《こうかん》まで、施設《しせつ》全体の設備を点検、修理します。

●周辺で現場を支える仕事

館長　運営の責任者。国内外の動物園・水族館、研究者、地域社会と連携《れんけい》して自然の保全活動にも取り組みます。

広報　各種情報を発信し水族館を宣伝。飼育員と協力してイベントの企画《きかく》運営も行います。

営業職・事務職　水族館の運営全般《ぜんぱん》にかかわる実務にたずさわります。

改札《かいさつ》・インフォメーション　お客さんを迎《むか》え、館内の案内や迷子などに対応します。

ショップやレストランの店員　接客、販売《はんばい》などのほか商品開発にかかわることもあります。

警備員　夜間に施設《しせつ》を見回り、いきものに異常があれば飼育担当者や獣医師《じゅういし》に連絡《れんらく》します。

清掃員《せいそういん》　濡《ぬ》れた床《ゆか》のふきそうじをこまめに行います。トイレもこまめに清掃《せいそう》します。

飼育員の仕事

飼育員の基本の仕事は、水族館でも動物園でも大きな違《ちが》いはありません。いきものの食と住に関することと全般《ぜんぱん》になります。

水族館の場合、魚類チームと海獣類《かいじゅうるい》チームに、担当がおおまかに分かれます。両チームともに基

暗い機械室での点検に懐中電灯が活躍

水族館の必需品、潜水服

本的な仕事は給餌《きゅうじ》、調餌《ちょうじ》、そうじです。えさはいろいろ用意しますが、魚介類《ぎょかいるい》ではアジ、イワシ、イカを大量に使うので、大量に切って用意します。魚類チームの給餌《きゅうじ》では、魚の口の大きさに合わせたサイズに切るように気を配ります。

水槽《すいそう》を美しく清潔《せいけつ》にたもつために、ガラスの汚れはスポンジでふき取ります。飼育員の手づくりのそうじ道具が、バックヤードには、たくさんならんでいます。

アシカやイルカ、ペンギンなどは、えさの量が個体ごとに決まっているので、マンツーマンでえさをあげます。健康状態は、食事やトレーニング中に確認します。

魚は無表情に見えます。べたべたさわることもできません。それに、あっけなく死んでしまいます。それでも魚の気持ちをわかろうと働きかけ、できるだけ長く生かしたいと工夫する。好かれたいより、好きでいたい。飼育員はそういう気持ちで仕事をします。

そして、ガイドやパネル、SNSなど、さまざまな手段でいきものの魅力《みりょく》を伝えます。何気ない立ち話で、お客さんといきものの話に花が咲《さ》くのも楽しいものです。

繁殖は大きな目標

水族館でも動物園と同じように、飼育動物の種の保存に力を入れています。アザラシやセイウチなどの哺《ほ》乳類《にゅうるい》やペンギンは、ブリーディングローン（BL　78ページ参照）を行います。大学などと共同で、メスの尿《にょう》や便を検査して発情周期の研究も進めています。

繁殖《はんしょく》は飼育員の大きな目標のひとつです。繁殖《はんしょく》に取り組む飼育員および施設《しせつ》にとって、はげみになるのが「繁殖賞《はんしょくしょう》」です。繁殖《はんしょく》に成功した野生動物の種が日本で最初だった場合、努力をたたえて日本動物園水族館協会《にほんどうぶつえんすいぞくかんきょうかい》（JAZA　79ページ参照）から贈《おく》られます。

また、世界的にも例のない種、数世代にわたる繁殖《はんしょく》に成功した種などには、「古賀賞《こがしょう》」が贈《おく》られます。上野動物園の元園長で、野生動物の保護活動に功績を残した、古賀忠道博士にちなんだ、国内最高の栄誉《えいよ》と位置づけられています。受賞の喜びは、チームの仲間と分かち合います。

水族館飼育員の現場と日常の仕事

案内します 楽しい水の中の世界

飼育員の1日

水族館ではチームで仕事をします。魚類チーム、海獣類《かいじゅうるい》チーム、などに大きく分かれ、それぞれの中で小さいチームをつくります。魚類チームの1日を中心に見てみましょう。

●魚類チーム

哺乳類《ほにゅうるい》以外の海のいきもの、は虫類、両生類、水生昆虫《こんちゅう》などの展示水槽《すいそう》をすべて管理します。水槽《すいそう》ごとに担当者を決めて、大きい水槽《すいそう》はみんなで協力します。

開館前　観覧エリアから担当の水槽《すいそう》を見回り、いきもののようすをチェック。バックヤードで死がいやごみを回収。チームのミーティング。

午前中　バックヤードで水槽《すいそう》を見回り、えさの食べ残しなどの回収、水槽《すいそう》のガラスそうじ。

調餌《ちょうじ》、給餌《きゅうじ》、後片付け。循環《じゅんかん》ろ過装置《かそうち》などの機械の点検。

午後 チームのミーティング、給餌《きゅうじ》、水槽《すいそう》の見回り。日誌を書いて帰宅。

潮だまりのいきものや身近な魚は、海や川で採集してきて展示することも多いようです。いきものがくらしていた環境《かんきょう》を知っておくと、飼育や展示におおいに役立ちます。地元の漁師に協力してもらい、定置網《ていちあみ》にかかったいきものを譲《ゆず》り受けることもあります。

自由なペンギンたちの行動も、トーク力でコミカルなショーになる

●海獣類チーム

哺乳類《ほにゅうるい》や鳥類を担当します。チーム内で、動物ごとに担当者を決めます。基本的な仕事は、獣舎《じゅうしゃ》と展示場のそうじ、プールのそうじ、給餌《きゅうじ》、調餌《ちょうじ》、機械の点検などです。

このほか、海獣類《かいじゅうるい》のトレーニングやショーを行います。海獣類《かいじゅうるい》の担当者は、トレーナーともよばれますが、仕事の内容は飼育員と同じ。健康管理のための体温測定や体重測定を行う日もあります。

水槽のそうじ

水槽《すいそう》のそうじは水族館の飼育員ならではの仕事です。毎朝、開館前にお客さんのフロアからチェックして、バックヤードに回ってガラスの汚《よご》れをふき取ります。深さや奥《おく》ゆきのある水槽《すいそう》は、長い棒の先にスポンジをつけた、手づくりのそうじ道具を使います。

大きな水槽《すいそう》は、定期的に水を抜《ぬ》いて徹底的《てっていてき》にそうじをします。

巨大水槽《きょだいすいそう》は、営業時間中に飼育員が潜《もぐ》ってそうじをするのが定番です。水中パフォーマンスはお客さんにも好評です。潜水《せんすい》して作業するために、潜水士《せんすいし》の国家資格を取得します。取得は就職してからでもだいじょうぶ。魚たちの泳ぐ水槽《すいそう》で、先輩《せんぱい》が特訓してくれます。

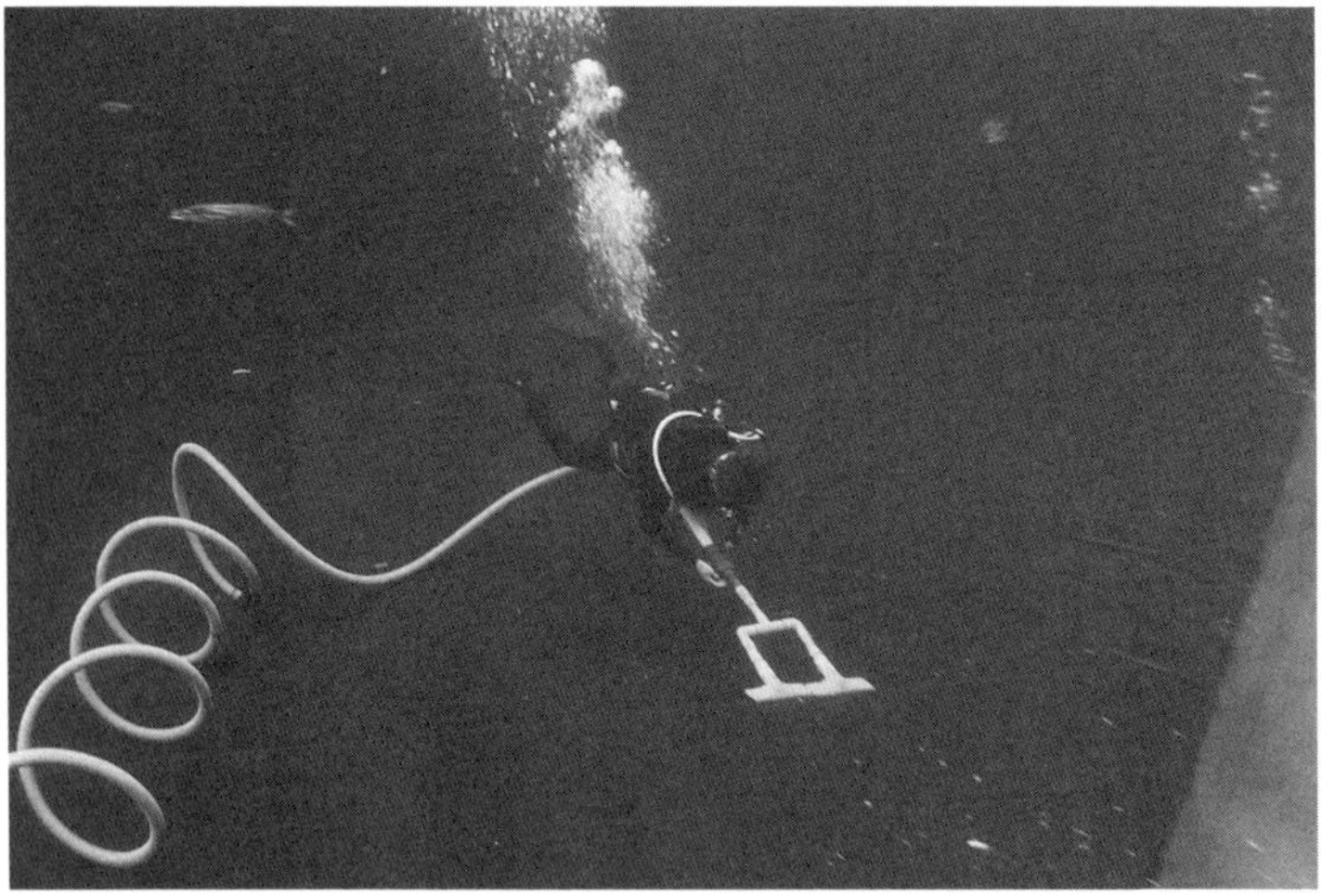

水槽用のそうじ機！

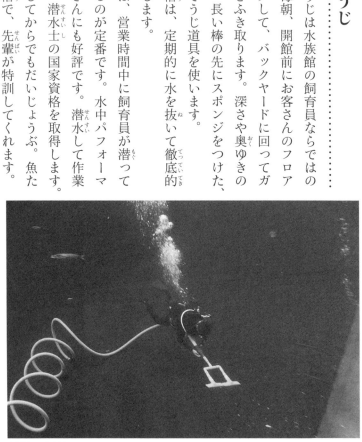

新しい魚は慎重《しんちょう》にならす

水族館の魚は、飼育員や漁師、動物商、ペットショップ、ほかの水族館などから調達します。でも、入ってきたばかりの魚は、すぐには展示水槽《すいそう》に移せません。運ばれてきた水と展示水槽《すいそう》の水は、水質が異なるので、急に移すと魚に負担がかかるのです。

新しい魚を水槽《すいそう》に移すときは、「水合わせ」を行います。水合わせの方法を簡単に説明すると、まず両方の水温を合わせたあと、運ばれてきた水を少しずつ捨てながら水槽《すいそう》の水を足していき、水槽《すいそう》の水にじわじわならします。水合わせは、魚の命を安全にあつかううえでとても大切な工程です。プロは、こういうところで絶対に手抜《てぬ》きをしません。

また、野生の魚は水族館のえさを与《あた》えても、すぐには食べないことがあります。バックヤードでじっくり餌付《えづ》けをして、食べるようになってから展示します。

魚をはじめての水槽《すいそう》に移すとき、飼育員が水槽《すいそう》の中をガイドすることもあります。大阪《おおさか》府《ふ》の海遊館《かいゆうかん》では、新しいジンベエザメが入ってくると、数名のダイバー（飼育員）が巨大《きょだい》水槽《すいそう》の底で待機し、ジンベエザメが回遊してきたら寄《よ》り添《そ》って泳ぎます。壁《かべ》やガラスに激《げき》突《とつ》しないようにガードしながら、水槽《すいそう》の形や大きさを教えてならしていきます。

海《かい》獣《じゅう》類《るい》のトレーニング

2章で動物園のハズバンダリートレーニング（82ページ参照）を紹介《しょうかい》しました。水族館でもハズバンダリーをふくむ、さまざまなトレーニングを行っています。1章ドキュメント4に登場の田《た》村《むら》龍《りゅう》太《た》さん（伊《い》勢《せ》夫婦《めおと》岩《いわ》ふれあい水《すい》族《ぞく》館《かん》シーパラダイス）に、トレーニングのイメージを聞きました。セイウチに「バイバイ」を教えるときの手順の例です。

①よし、と声をかけてえさをあげることをくり返し、よし↓えさ、とセイウチに教える
②飼育員がセイウチの前あしにさわって、いやがらなければ、よし↓えさ
③前あしをさわったとき、自分から前あしを動かしたら、よし↓えさ
④握手《あくしゅ》のような動きを教えて、できたら、よし↓えさ
⑤前あしを左右にふるバイバイの動きを教える。胸の高さで大きくバイバイをしたときに、飼育員が手ぶりなどのサインをつけて、よし↓えさ
⑥⑤のサインを出したときにバイバイをしたら、よし↓えさ。これをくり返し、サインを出したときだけ、バイバイをすることを覚えさせる

このように、飼育員の誘導により、目的の「バイバイ」の動きを引き出します。動物が楽しく前向きに取り組めるようにコントロールするのが、トレーニングのポイントです。

たのもしい仲間

飼育員と接していて感じるのは、水族館も動物園も横のつながりが強いということです。施設《しせつ》の枠《わく》を越《こ》えて、飼育員どうしが親しい関係を築いているように思います。ＪＡＺＡのネットワークの力でしょう。

ほかの施設《しせつ》の飼育員との出会いの場は、毎年開かれる、ＪＡＺＡの会議や研究会などです。友人としての信頼《しんらい》関係から、難しいＢＬがスムーズに成立することもあるとか。また、人工哺育《ほいく》や病気の治療《ちりょう》法などは、報告されたデータが蓄積《ちくせき》されているので、過去にさかのぼって調べることもできます。

ライバルなのにどうしてかな？　と少し不思議に思えるかもしれませんが、それはただひとつ、いきもののため。飼育員はそういう人たちの集まりです。

アクアマリンふくしまは JAZA などの支援で震災から復活したのち、ナメダンゴの繁殖賞を受賞した

ミニドキュメント 5 イルカの赤ちゃんを育てる

日本初の成功！スナメリの人工哺育

鳥羽水族館《とばすいぞくかん》
半田由佳理《はんだゆかり》さん

小さなイルカ、スナメリ

暗い空間に壁《かべ》一面のブルーが映画館のスクリーンのように浮《う》かび上がっている。ブルーの中をゆったりと泳ぐのは、鳥羽水族館の人気者、スナメリ。イルカの仲間だ。

こんもりした頭、小さな目。背びれはない。シロイルカに似ているが、ずっと小さくて、おとなのオスでも体長は1・8mほど。

あおむけになり目をつむって泳ぐ、しあわせそうな顔。ボールをつついたり、頭に乗せたりして、一人遊びするしぐさ。大勢のお客さんがスマホやカメラをかまえ、シャッターチャンスを待っている。

若いお母さんが、抱《だ》いていた赤ちゃんを水《すい》槽《そう》に近付けた。すると、すーっと1頭のスナメリがやってきた。上へ下へ行ったり来たりして、あやしているように見える。赤ちゃんは手をたたいて大喜びだ。

「あの子はチョボ。うちのスナメリのなかでも、特に人なつこいんです。子育ての上手なお母さんですよ」

飼育員の半田由佳理さんがほほえんだ。

バックヤードの姉妹

三重県《みえけん》にある鳥羽水族館は、日本で最初にスナメリを飼《か》い始めた施設《しせつ》。50年以上前、地元の漁師の網《あみ》にかかったスナメリを保護し、手探りで飼育に挑《いど》んできた。日本ではスナメリの捕獲《ほかく》は禁止されているが、特別に許可を受け、まれに野生個体を導入して展示と研究を続けている。

半田さんの案内で、バックヤードへ入った。

階段を上り切ると、そこはスナメリの大水槽《だいすいそう》の最上部のフロア。大小の網《あみ》やそうじ道具、バケツ、ウェットスーツ……。使いこまれた道具たちが所狭《せま》しと置いてある。

大水槽《だいすいそう》と柵《さく》で仕切られた奥《おく》に、円形の小さい予備プールが見える。そばへ行くと、子どものスナメリが2頭、こちらをうかがいながら、ぐるぐる泳いでいる。

やや大きめなのが2013年生まれの輪《りん》。小さいほうは1歳《さい》下の華輪《かりん》。半田さんたちの手で育てた、人工哺育《ほいく》の姉妹だ。

姉妹の母親のマリンは、2004年に入ってきた野生の個体。その時点でおなかに子どもがいて、水族館で出産し自力で育て上げた。2番目の子も育ち、3番目の子は死産。

4番目の輪に対しても、最初のうちはお乳を与《あた》えて寄《よ》り添《そ》っていた。ところが5日目に、突然《とつぜん》、輪を置き去りにして単独で泳ぎだした。子育てをやめてしまったのだ。

二つの改善策

24時間体制で親子を見守っていた半田さんたちは、すぐに輪をつかまえて予備プールへ移した。輪を生かすすべは人工哺育《ほいく》しかない。

鳥羽水族館はそれまでに、十数頭のスナメリを自然繁殖《はんしょく》させていた。だが、その実績をもってしても、人工哺育《ほいく》は一度も成功していない。スナメリにかぎらず、イルカ類の人工哺育《ほいく》は難しく、日本では成功例がなかった。

スナメリチームと獣医師《じゅういし》は、二つの点に着目して改善策を打ち立てた。

ひとつはミルクの成分。従来のイヌ用のミルクに、サケのオイルや生クリームを加えて脂肪分《しぼうぶん》を増量する。毎日、朝夕に輪の体重を測り、ミルクの量や成分を調整した。

もうひとつは授乳の回数。いままで授乳は日中だけで、夜間は行ってこなかった。しかし、鳥羽水族館で自然に育ったスナメリやイロワケイルカの赤ちゃんは、昼夜問わず30分から1時間おきにお乳を飲んでいる。これにならい、毎日三人が泊《と》まりこみ、1時間半おきに夜通し授乳をすることにした。

先の見えない人工哺育《ほいく》の日々

半田さんは飼育員になって20年以上になる。これまで、ジュゴンやマナティなどの海生哺《ほ》乳《にゅうるい》類を担当してきたが、人工哺育《ほいく》は獣医師《じゅういし》に教わった。

まず、授乳の方法からはじめて。

二人一組になり、一人が輪を保定して、もう一人がカテーテル（細長いチューブ）を口から食道に通し、胃の中まで入れてミルクを

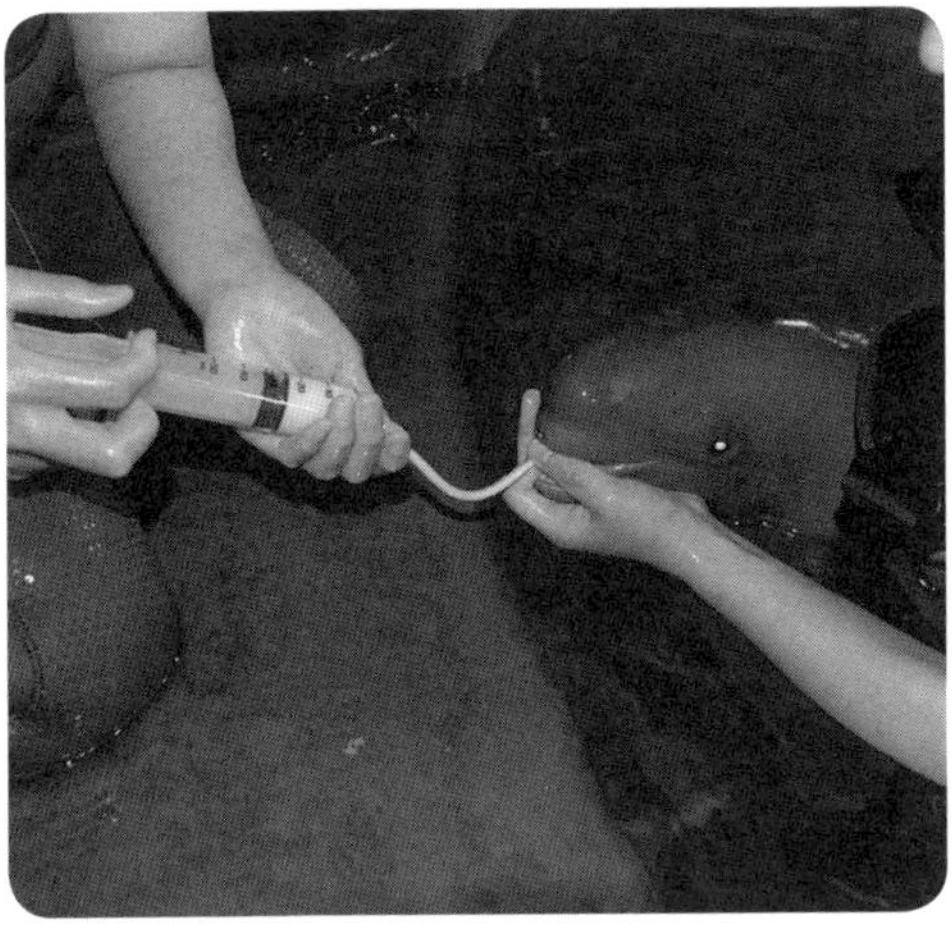
輪を抱いて、カテーテルでミルクを飲ませる　取材先提供

流しこむ。もし誤って気管に通すと、肺にミルクが入って死んでしまう。

「失敗したらと思うとこわかったし、死なせられないというプレッシャーもありました」

カテーテルを入れたら、必ず口で吸って確かめた。空気がもどってこなければ、胃の中に届いているということ。はじめは加減がわからず、思い切り吸いこんで、苦くて酸っぱい胃液が口の中に入ってきたりした。

こんなに神経を使う授乳を、夜中に仮眠《かみん》から起きて行わなければならない。そのたびに胴長《どうなが》をはいて、プールに入るのだ。気力も体力も消耗《しょうもう》していった。

「いったい、いつまで続くんだろう、このやり方でいいのかな、と。先がぜんぜん見えないというのは、本当にきついことでした」

だからといって、日中の仕事もおろそかにできない。私生活まで気が回らず、家の中はめちゃくちゃだった、と半田さんは回想する。

無事離乳《りにゅう》、日本初の人工哺育《ほいく》成功!

改善策が功を奏し、輪の体重は順調に増え

ていった。一度に飲めるミルクの量も増えて、授乳の間隔《かんかく》をあけられるようになった。

　人工哺育《ほいく》を始めて2カ月半。ミルクといっしょに、魚を与《あた》え始めた。最初はのどの奥《おく》まで押《お》しこむようにしていたが、やがて輪は自分から飲みこむようになった。ここまできて、半田さんは少しホッとした。

　でもまだ油断はできなかった。輪には嘔吐《おうと》行動が見られ、目を離《はな》したすきに食べた魚を吐《は》き出してしまう。おもちゃをあげたり、プールに入っていっしょに遊んだりして気をまぎらわし、深刻な状態になる前に治した。

　生後4カ月半。輪は魚だけを食べるようになった。ミルクはもういらない。完全に離《り》乳《にゅう》して、赤ちゃんを卒業！　日本ではじめてイルカ類の人工哺育《ほいく》に成功した瞬間《しゅんかん》だった。

　この取り組みが高く評価され、鳥羽水族館はJAZAから、栄誉《えいよ》ある古賀賞を授与《じゅよ》されたのである。

えさの魚は１頭分ずつ分けて適した量を食べさせる

姉妹に願うこと

　つぎの年に生まれたマリンの子、輪の妹の華輪にも、人工哺育《ほいく》を行った。華輪は生まれてすぐに口に傷を負い、お乳を吸うことができなかった。やむをえず母親から引き離《はな》し、人工哺育《ほいく》に切り替《か》えたのだった。

2度目は半田さんも、自信を持ってのぞんだ。はからずも2頭続いたことで、輪の成功が偶然《ぐうぜん》ではなかったことが証明された。

ただ、輪と華輪のあいだでは、背中をこすりあわせる、スナメリ特有のあいさつが見られない。無理もないだろう。母親からもだれからも、スナメリ社会のたしなみを教わっていないのだから。

あいさつさえ覚えたら、大水槽《だいすいそう》で仲間とくらせる日がくるかもしれない。そしていつかは母親になって……。姉妹の未来を思い描《えが》くこともあるだろうが、半田さんはこう結んだ。

「私にとって輪と華輪は、自分の子どものような存在です。よく食べ、よく泳ぎ、1日1日を元気に過ごしてくれたら、それで十分なのです」

*取材後の2016年9月、残念ながら華輪が亡くなりました。華輪の生きた証をここに残します。

姉の輪（左）は警戒心の強い慎重派、妹の華輪は好奇心旺盛

ミニドキュメント 6 自分たちの手で水族館を大改革

再生のキーワードは楽しい、おもしろい！

竹《たけ》島《しま》水《すい》族《ぞく》館《かん》
戸《と》舘《だて》真《まさ》人《と》さん

入館者数激増《げきぞう》で話題の水族館

東海《とうかい》地方の三河湾《みかわわん》から伊勢湾《いせわん》の沿岸は、水族館の激戦《げきせん》地域である。規模も個性も異なる施設《しせつ》がいくつも連なる。

そのなかでも近年ひときわ注目をあびているのが、愛知《あいち》県《けん》蒲郡《がまごおり》市《し》の竹島水族館である。

竹島水族館は創業60年になる、三河湾に面した小さな水族館だ。ラッコもイルカも、ジンベエザメもイワシの大群もいない。館内はリニューアルを重ねてきたが、ほぼオープン当事のままという外観はいわば昭和の遺産。

流行とはかけ離《はな》れたような水族館が、入館者数を飛躍的《ひやくてき》に伸《の》ばしている。立役者の一人が、副館長兼展示係の戸舘真人さんだ。

竹島水族館では飼育員を「展示係」とよぶ。

飼育員がいきものを飼育をするのはあたりまえ。いきものの魅力《みりょく》を伝える展示から仕事が始まる、という考えだ。水族館で働くことへの、意気ごみと誇《ほこ》りがビシビシ伝わってくる。

水族館はサービス業だ！

魚が好きだった戸舘さんは、小学生のときに将来は水族館の飼育員になろうと決めて、大学の海洋学部に進学した。水族館についで学んだり、各地の水族館を訪ねたりするうちに、疑問がめばえた。「水族館は『学習施設《しせつ》』とうたっているけれど、勉強が目的で来る人がどれだけいるんだろう？」。

多くのお客さんは、いきものを一つひとつじっくり見て回るというより、非日常的な空間の雰囲気《ふんいき》を楽しんでいる。水族館を「レクリエーション施設《しせつ》」ととらえている。水族館側は、お客さんの利用の実態を知り、それにこたえる努力をしているのだろうか。

「お客さんに来てもらって、お客さんと接する以上、水族館はサービス業です。なのに、自分たちがいきものを飼《か》って、満足しているだけではないか。お客さんを無視しているのではないか、と感じていました」

大学院修了《しゅうりょう》後《ご》、静岡県《しずおかけん》の水族館に就職してからも自問自答を続けた。3年目にたまたま出会った、同じ年の竹島水族館の飼育員と意気投合。現在は館長を務める小林龍二《こばやしりゅうじ》さん（164ページ）だ。戸舘さんは小林さんの誘《さそ》いで2010年にちょうど飼育員を募《ぼ》集《しゅう》していた竹島水族館に転職したのだった。

解説パネルの改革

当時の竹島水族館は、入館者数が年間12万

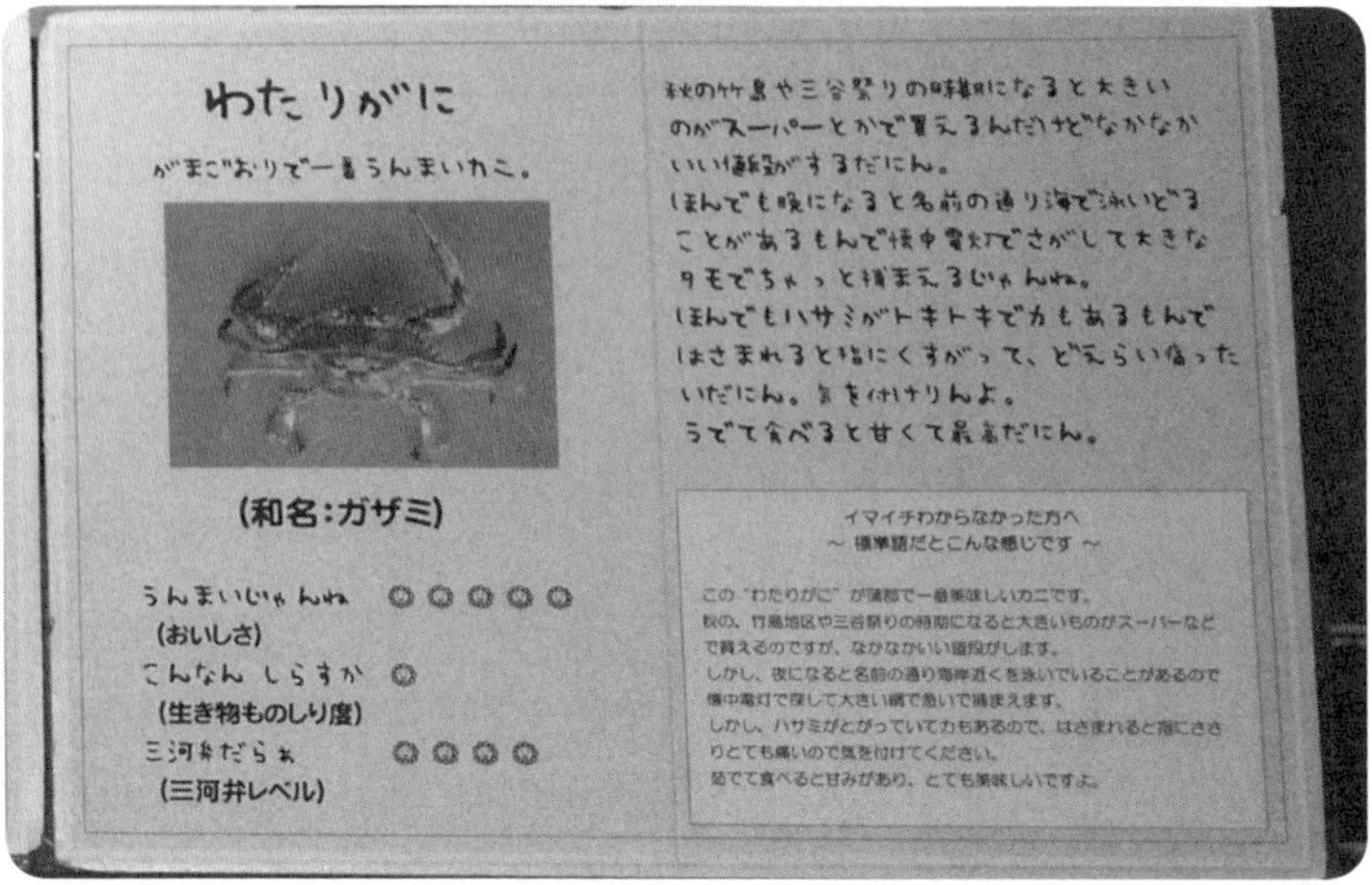

方言、おいしくない魚など、毎回ユニークな企画展示

人まで落ちこみ、経営難で閉館の文字がちらついていた。がけっぷちの水族館に入社するや、戸舘さんは小林さんとタッグを組んで改革に着手していった。

まず、水槽《すいそう》の解説パネルの改革。種名や分布を示しただけの、素っ気ない内容だったものを、いきもの自身が「オレは〜」と語る、自己紹介《しょうかい》スタイルに総入れ替《か》えした。日ごろ感じていることや見てほしいところなどを、担当展示係が本人の手で書く。おいしいとかまずいとか、食べた感想まで飛び出した。

くすっと笑える親しみやすい解説が、お客さんのあいだでじわじわ評判になると、つぎに履歴書《りれきしょ》ならぬ「魚歴書」を作成。いつ、どこから、どのようにして竹島水族館へ来たか、特技は何か、個体の経歴を紹介《しょうかい》している。

解説も魚歴書も、子どもにもわかるやさし

い文章だが、「基本的に漢字にふりがなはつけません。小さい子には、おとなが読んであげればいい。家族のコミュニケーションになるし、みんなでいっしょに見ると、楽しいんじゃないかな」。

これも竹島流のサービスというわけだ。なるほど、幼児やお年寄りに読み聞かせる声で、館内はずっとにぎわっていた。

日本初、深海生物にさわれるプール

2011年に開設した深海生物タッチプールは、竹島水族館の知名度を一挙に高めた。

ヒトデやアメフラシなどの潮だまりのいきものや、ネコザメにさわれる水族館は多い。でも、タカアシガニやイガグリガニ、オオグソクムシなどの深海生物にさわれるのは、ここだけだ。深海生物は珍重《ちんちょう》されていて、ふつうは水槽《すいそう》のガラス越《ご》しにながめるだけ。そんな手の届かないスターにふれていい。さわり方のコツまで、パネルで説明してくれている。

日本初の深海生物タッチプールは、想像以上の人気をよび、入館者数をぐんと増やした。エントランスの大幅《おおはば》なリニューアルのさい、いきものにさわれるコーナーをつくってほし

うわさのタッチプール

いというお客さんの希望と、戸舘さんのアイデアをミックスしたものだった。

もともと竹島水族館は、深海生物の展示が得意で、種類も数も充実《じゅうじつ》していた。戸舘さんは入社前にお客としてきたことがあり、「これは売りになる」と思ったという。

つまり、自分たちがつちかってきた飼育技術を生かした型破りな展示方法、それが深海生物タッチプールである。各地の水族館を見て養ってきた、戸舘さんの展示に対しての感覚と、斬新《ざんしん》な発想に乗った竹島水族館の勇気が、成功をもたらしたのだ。

現実を知る意識改革

水族館らしからぬ、ちょっと風変わりな改革を最後に紹介《しょうかい》したい。毎月の入館者数と収益をスタッフ全員が知る、というものだ。

戸舘さんが入ったころ、展示係は経営に関する数字を何ひとつ把握《はあく》していなかった。入館者が減る一方なのに、このままで良いはずがない。みんなが現実を見つめ、危機感を持とう、と「知る義務」をうったえた。

「若いスタッフが多く、保守的な考えをすぐに捨てられた。自分たちの水族館を、自分たちの手でなんとかしよう、と方向転換《てんかん》できました」

いまでは現状維持《いじ》で良し、という守りの姿勢の者は一人もいない。もっとリピーターを増やそう、もっとお客さんに楽しんでもらおう、と全員がつねに前を向いている。

展示係が観覧エリアに出て、お客さんと話すようになったのも大きな変化だ。自分たちも展示生物のつもりで、お客さんとふれあう。これも立派なサービスだし、展示方法やイベントのヒントをもらえることもある。

働く人こそ水族館の魅力《みりょく》

２０１５年度（15年４月～16年３月）の竹島水族館の入館者数は30万人を超《こ》えた。人出の多かったゴールデンウィークやお盆《ぼん》、シルバーウィークには入場待ちの列ができ、駐車《ちゅうしゃ》場《じょう》には県外ナンバーの車がいっぱい。うれしい反面、「昔《むかし》から通ってくれている地元のみなさんに、ゆっくり見てもらえなくなってしまいました」と、戸舘さんは表情をゆがめる。

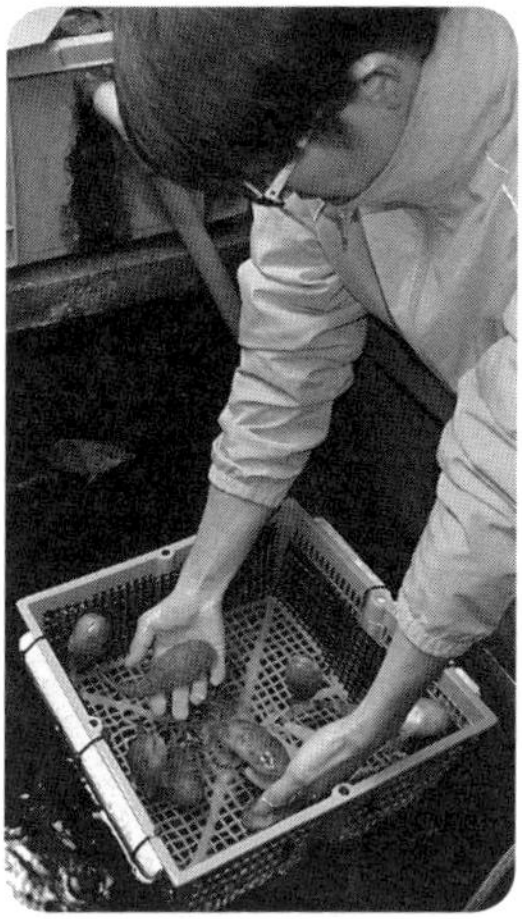
漁港から持ち帰った魚

仕事ぶりはシャープなイメージだが、戸舘さんの人柄《ひとがら》は家庭的であたたかい。いきものへの信頼《しんらい》、お客さんの笑顔を見たいという飾《かざ》り気のない思いが根底に感じられる。

魚以外は興味がなかったという戸舘さんが、いまではカピバラショーで活躍《かつやく》する。広報やグッズの仕入れも担当する。漁でとれたいきものを漁師に分けてもらうために、真夜中の漁港にトラックを走らせることもいとわない。

「副館長は、小間使いですよ。なんでも自分の仕事と思ってやっています。それでいいんです、やってみると楽しいから」

ひっそりと消え入りそうだった水族館を、再び焚《た》きつけたのは、働く人の熱意。再生のエネルギー源は、人の魅力《みりょく》だったのだ。

ミニドキュメント 7 水族館で働く獣医師

飼育員とコンビでいきものの健康を守る

海遊館《かいゆうかん》
村上翔輝《むらかみしょうき》さん

母のアドバイスで獣医師《じゅういし》に

動物園・水族館には、飼育員ではないけれど、同じくらい、いきものに深くかかわるスタッフがいる。獣医師《じゅういし》だ。いきものの健康を守る獣医師《じゅういし》は、つねに飼育員と協力して仕事をする。たがいになくてはならない存在だ。また、獣医師《じゅういし》が飼育員を兼任するケースも少なくない。大阪府にある海遊館の獣医師《じゅういし》、村上翔輝さんも、そんな一人だ。

北海道出身の村上さんは、子どものころから、札幌市内《さっぽろしない》の動物園によく連れて行ってもらっていた。将来は、動物園か水族館の飼育員になろうと思っていた。

中学生になったある日、母親がひと言。「獣医師《じゅういし》の資格を持っていると、就職に有利なのでは?」。飼育員が狭《せま》き門であることは、村上さん自身もすでに知っていた。動物園か水族館の、飼育員か獣医師《じゅういし》。たしかに選択肢《せんたくし》は幅広《はばひろ》いほうがいい。

その後の進路を獣医師《じゅういし》と決めて前進。大学の獣医学部《じゅういがくぶ》を卒業し、獣医師《じゅういし》の国家資格を取得。ちょうど大学に募集《ぼしゅう》がきていた海遊館の試験を受けて、みごと合格した。就職と同時に大阪生活を開始して、まもなく1年が経つ。

ふだんの1日の仕事

海遊館には、村上さんともう1名、獣医師《じゅういし》がいる。動物園・水族館には、このように専属の獣医師《じゅういし》が常駐《じょうちゅう》する施設《しせつ》と、そうでない施《し》設《せつ》がある。後者は、急患《きゅうかん》や健康相談に応じてくれる外部の獣医師《じゅういし》を確保している。

村上さんの平均的な1日の仕事の内容を見てみよう。

8時前 出勤。

8時30分～午前中 イルカ、アシカ、アザラシのバックヤードのそうじをして、それぞれの給餌《きゅうじ》。その後、検査があれば診療室《しんりょうしつ》へ。なければ、調餌室《ちょうじしつ》でえさの魚などを切る。

12時 昼食。

13時～17時 イルカ、アシカ、アザラシの給《きゅう》餌《じ》とアシカのトレーニング。30分以上時間があれば、水槽《すいそう》に潜《もぐ》ってそうじをすることもある。再びイルカ、アシカ、アザラシの給餌《きゅうじ》。

17時過ぎ～ 日誌を書くなどデスクワーク。

「獣医師《じゅういし》なのに給餌《きゅうじ》やトレーニング?」「獣《じゅう》医《い》師《し》らしい仕事はないの?」と、疑問を持った人もいるだろうか。

現在、村上さんは獣医師《じゅういし》としてだけでなく、イルカ、アシカ、アザラシの担当飼育員も務めている。というのは、いきものが健康であれば、治療《ちりょう》や検査は毎日行われることはあまりなく、数日おき、または数カ月に1回、もしくは救急の場合がほとんど。獣医師《じゅういし》の仕事は少ないほうがいいのである。だから、並行《へいこう》して飼育業務を行うことが可能なのだ。

治療《ちりょう》や検査の現場

もちろん、あくまでも獣医師《じゅういし》としての仕事を優先する。治療《ちりょう》や検査のある日は午前中のスケジュールがこんなふうに変わる。

7時 出勤。イワトビペンギンの繁殖《はんしょく》研究のための採尿《さいにょう》と採血。

8時 高齢《こうれい》のゴマフアザラシの採血。採取したペンギンとアザラシの血液を、ただちに診《しん》療室《りょうしつ》で検査。

10時 イワトビペンギンの採尿《さいにょう》と採血の続きを行い、診療室《しんりょうしつ》にて血液検査。

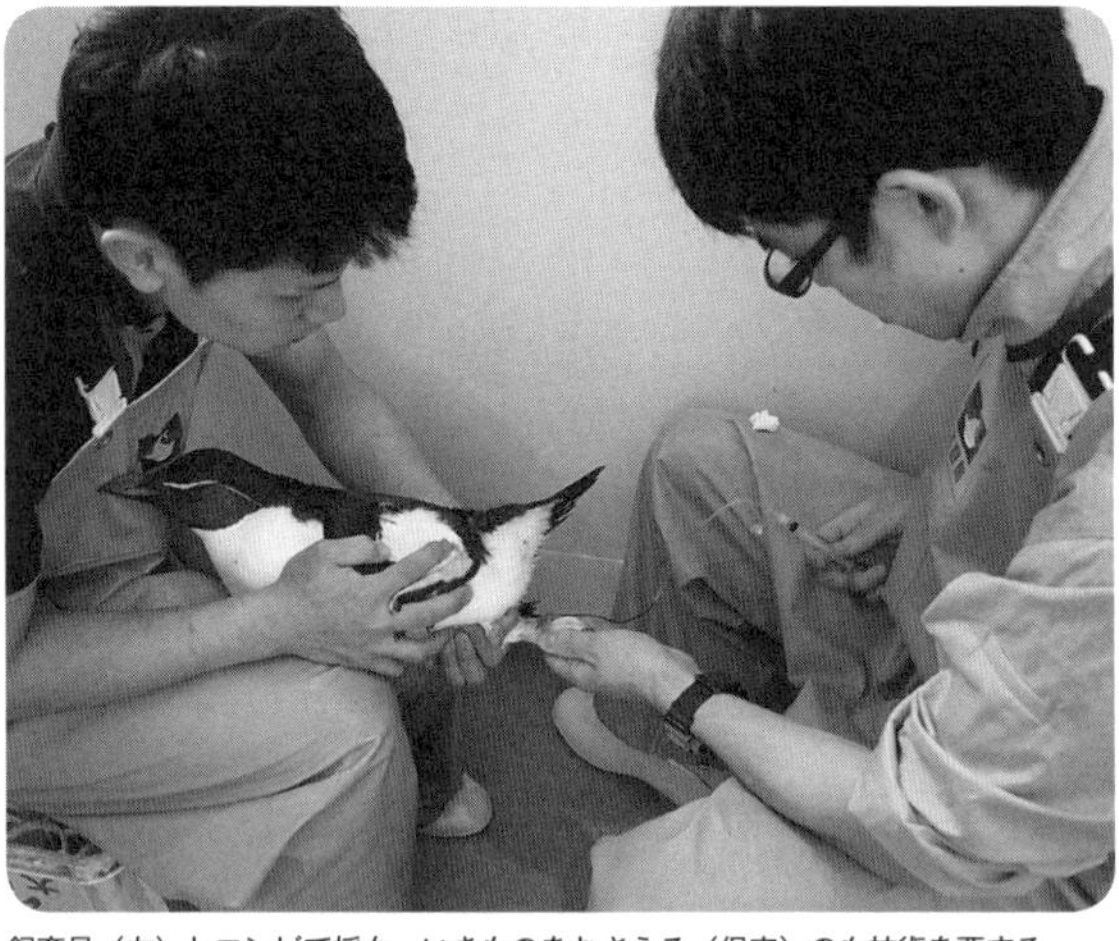

飼育員（左）とコンビで採血。いきものをおさえる（保定）のも技術を要する

12時 高齢《こうれい》のゴマフアザラシの治療《ちりょう》。便秘をしているので、肛門《こうもん》に指を入れて便をかき出

す。脱水症状《だっすいしょうじょう》の改善のため、補液の注射を行う。その後、昼食。

獣医師《じゅういし》と飼育員と。二足のわらじで奮闘《ふんとう》する村上さんは、大水槽《だいすいそう》に潜《もぐ》ってそうじをするために、入社後に潜水士《せんすいし》の免許《めんきょ》も取得した。仕事の両立については、つぎのように考える。

「ぼくは飼育員もめざしていたので、両方を

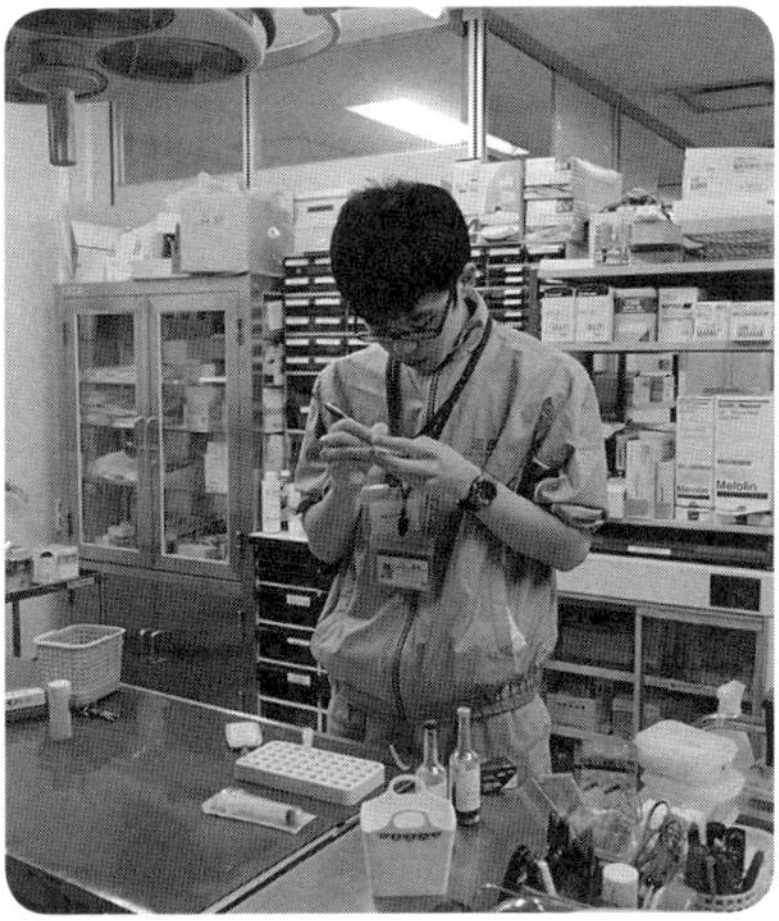

採取した血液はすぐに処理をする

経験できるのはうれしいです。日頃《ひごろ》世話をしていると、動物のことがよくわかるし、獣医《じゅうい》師《し》としてのメリットも多いと思います」

治療《ちりょう》も採血も、獣医師《じゅういし》が勝手に決めるのではなく、必ず担当飼育員と話し合いをする。事前に、どんな方法でどんな処置をするか、ていねいに説明をして、仕事がしやすいように動物を保定してもらう。

村上さんがいつも心がけているのは、飼育員と動物の信頼《しんらい》関係をくずさないようにすること。海獣類《かいじゅうるい》は、トレーニング中に採血などを行うのが基本で、獣医師《じゅういし》はじゃまをしないように動く必要がある。その感覚は、自分もトレーニングをしているから、よくわかるという。両者の間合いを見ながら動物のからだにふれ、そっと注射針を刺《さ》す。

いきものの死を乗り越《こ》えて

獣医師《じゅういし》になってよかったと思ったことは、まだこれと言ってない、と村上さんは厳しい。だが、つらいことはあった。カピバラとイルカが2日続けて亡くなったのだ。

「亡くなると、獣医師《じゅういし》が死亡の判定をします。『何時何分、死亡確認しました』とみんなに伝えるのですが、2日連続は本当につらかったです」

どのように気持ちを切り替《か》えたのだろうか。村上さんは言葉をしぼりだしてくれた。

「2日目、イルカの剖検《ぼうけん》（解剖《かいぼう》して死因を調べること）を終えたあと、書類を書いて帰宅して、ひと晩泣きました」

そして、つぎの日の朝からは、ふだん通りの平常心をとりもどした。水族館には、たくさんのいきものがいる。いつまでも落ちこんでいられない。

同じことをくり返さないように、日頃《ひごろ》からもっとしっかり見なくては、と気が引き締《し》まり、モチベーションが上がったともいう。

「ぼくたちは、死んでしまったいきものからも多くを教わる。それもまた勉強です。簡単ではありませんが、死を前向きにとらえて進んでいきたいと思っています」

できることを増やしたい

話しぶりも仕事ぶりも、堂々としている村上さん。先輩《せんぱい》たちが、獣医師《じゅういし》と飼育員の豊かな関係を築いてきてくれたおかげで、思い切り仕事に打ちこめる。たよってもらえるから、もっと勉強して期待にこたえたい、と思う。

くたくたに疲《つか》れて帰宅しても、必ず調べ物

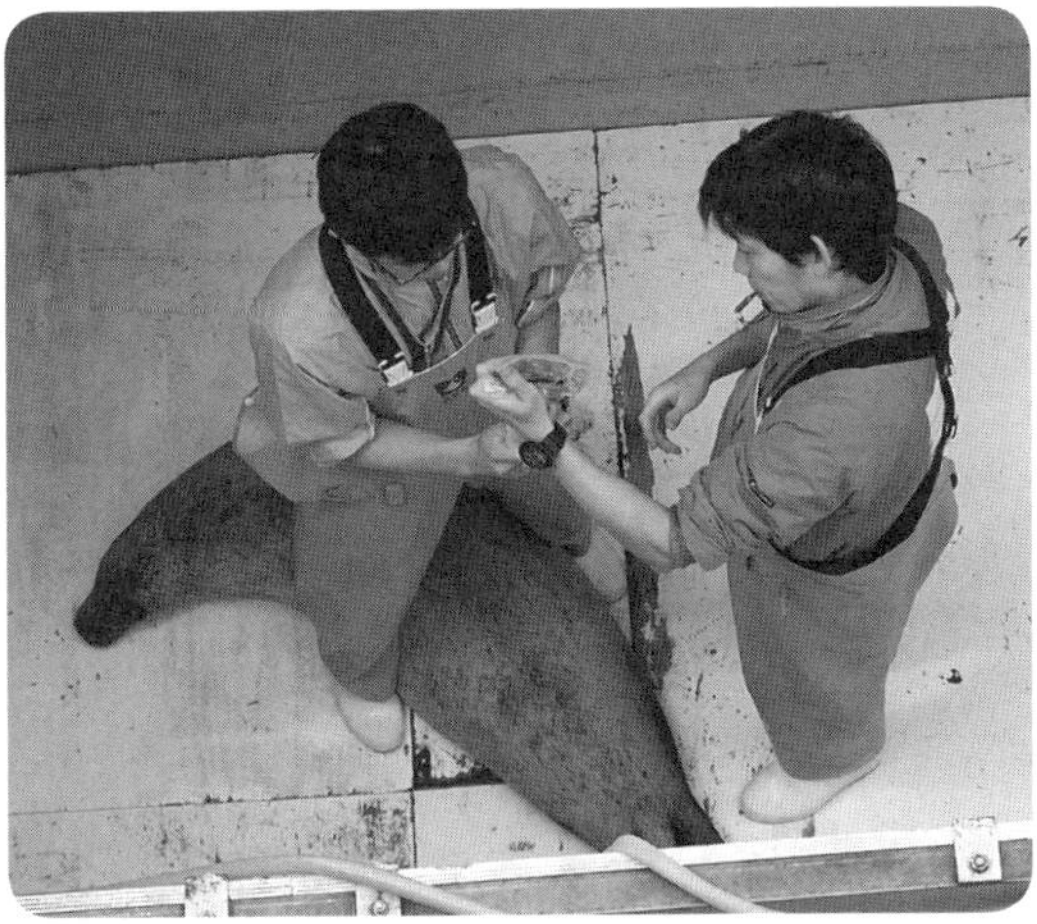

高齢のアザラシが心配。補液注射を行う

をするのが村上さんの日課だ。仕事だから興味を持つのではなく、興味のあることが仕事になっている。だから少しも苦にならない。

　今後はどんなことをしたいかという質問にも、すぐに答えが返ってきた。

「飼育員としては、担当しているアシカの子どもたちのトレーニングを進めて、いろいろな健康管理ができるようになりたいです。獣《じゅう》医師《いし》としては、高齢《こうれい》動物の健康管理を充実《じゅうじつ》させていきたい。あまり研究されていない分野なのです。いままでの検査にプラスして、できることを増やし、栄養面などのきめ細やかな対応をしていけたらな、と思います」

　休日には、大好きな動物園・水族館めぐりをして息抜《いきぬ》きをしたい、とも。

「でも、行くと気になるんですよね。あの動物、毛が抜《ぬ》けてるなあとか、海獣《かいじゅう》ショーのトレーナーの動きとか……」

　つい1年前は学生だった青年が、もうすっかり、いきものを観る獣医師《じゅういし》の目をしている。

水族館飼育員の生活と収入

冬場は寒さとのたたかい 夢を届けるのも楽じゃない

夢《ゆめ》のような日常の世界

水の中の世界は、夢《ゆめ》のような日常。そこには多種多様な命の、確かないとなみがあります。それを取り出して見せることこそ、水族館飼育員の役目です。

手あれも腰痛《ようつう》も、なんのその。いきものの声を、においを、お客さんに届けます。

勤務時間

水族館は屋内ということもあり、営業時間は施設《しせつ》によっていろいろです。公立は午前9時～午後5時が基準です。私立は夜遅《おそ》くまで営業するスタイルが増えていて、午前10時～午後10時などもあるようです。12時間営業の場合、早番と遅番《おそばん》の交代勤務制です。

飼育員は、開館の1時間ぐらい前には出勤します。魚類チームは水槽《すいそう》を見回り、整備をします。海獣《かいじゅう》類《るい》チームは動物を獣舎《じゅうしゃ》から外に出して、そうじなどを始めます。両チームとも午前中はおもにそうじ、調餌《ちょうじ》、給餌《きゅうじ》などについやします。

昼休みは1時間程度です。忙《いそが》しいときは臨機応変に対応します。

午後も、魚類チームはバックヤードでの作業が中心ですが、午前中よりはゆとりがあります。海獣《かいじゅう》類《るい》チームは、ショーやトレーニングなども行い、夕方になると動物を獣舎《じゅうしゃ》に収容します。

閉館後に飼育日誌をつけて、何もなければそのまま帰れますが、動物の体調しだいでは遅くなることもあります。また、漁師から連絡《れんらく》があれば、夜中に漁港まで行って、いきものを受け取り、そのまま水族館に運んで朝方まで世話をすることもあります。

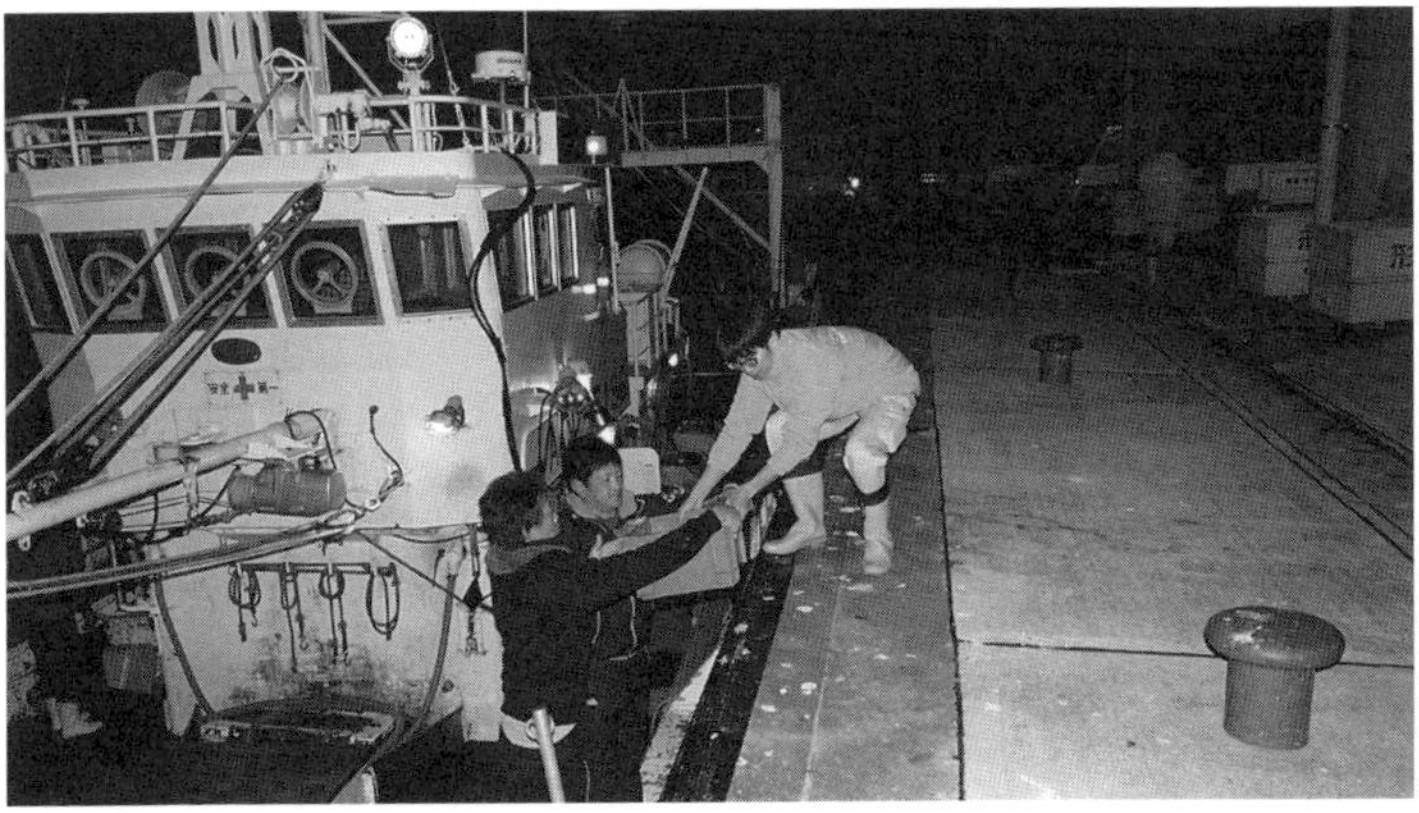

真冬に、真夜中の漁港で貴重な深海生物を受け取る

休館日にじっくり展示替え

休日

週休二日制が基本です。飼育チーム内で話し合い、重ならないように休みをとります。ただし、お客さんの多い土日祝日は、基本的に休めません。

大型連休やお盆は、繁《はん》忙《ぼう》期《き》なのでずらして休みをとります。まとまった休みは、閑《かん》散《さん》期《き》の2月ごろが比《ひ》較《かく》的とりやすいようです。

水族館は屋内が中心なので、雨の休日にも大勢のお客さんが訪れます。床が濡《ぬ》れてすべりやすくなるため、スタッフ全員が気を配ります。

収入

水族館には、公立と私立があります。

公立の場合、飼育員は地方公共団体の公務員になります。そのため、給料は公務員と同じ金額となります。

私立の場合は、各施設《しせつ》が給料の金額を決めます。

職業病？

水族館は、水を大量にあつかう施設《しせつ》です。真冬に、えさの冷凍《れいとう》イワシを流水で融《と》かして大量にさばいていくようすは、見ているだけで凍《こご》えます。飼育員の手は男性も女性も、1年中あかぎれで、まっ赤です。また、せまいバックヤードで無理な体勢で作業をすることも多く、腰痛《ようつう》に悩《なや》む人も少なくありません。海のそばの施設《しせつ》では、冬場は冷たい風が吹《ふ》き荒れて本当につらいそうです。覚悟《かくご》が必要です。

冬場もショーは行われる

古くて新しいこれからの水族館

担当替《が》えを希望、その心は

飼育員の担当するいきものは、水族館でも動物園でも、ずっと同じではありません。毎年、2年おき、3年おきなど施設《しせつ》によって異なりますが、たいていは担当替《が》えがあります。このとき、飼育員自身が希望を出すこともできるのだそうです。通るかどうかは別として。

担当替《が》えを希望する理由には、おもに二つのパターンがあるといいます。

1、ほかに担当したいいきものがいる

2、同じチームの中に気の合わない人がいる

ある水族館の話では、2番目の理由が圧倒的に多いのだそうです。

「そういう人は、何のために飼育員になったんだろう。好きないきもののそばで仕事がで

いきものが苦労を忘れさせてくれる

きているのに、好きではない人間のほうが気になるだなんて。それが理由で愛着のあるいきものとお別れできるだなんて。気の合う人ばかりではありませんが、自分はいきもの中心だから、それはないな、と思います」とは、その水族館の飼育員の言葉です。人間関係の苦労は、どこの世界にもつきもの。がまんは美徳ではないけれど、飼育員になった目的だけは見失わないようにしたいものです。

水族館飼育員に向いているのはこんな人

では、どんな人が水族館の飼育員に向いているか、いくつかあげてみます。

・いきものが大好き
・コツコツ作業ができる
・あいさつができる

・負けずぎらいである
・行動力がある
・泳げる
・釣《つ》り、昆虫《こんちゅう》採集などが好き
・いきもの以外のものにも興味がある

どんな人たちが水族館の飼育員をしているか、イメージがわきましたか。

「泳げる」に関しては、「泳げなくても困らない」という意見もありました。泳ぎの苦手な飼育員もいるそうです。「泳げるほうがいい」という飼育員は、大水槽《だいすいそう》に落ちたことがあるのだとか。そうなると泳げないよりは、泳げるほうがよさそうですね。

それからもうひとつ。

・飼育員になれると信じて疑わなかった

強い信念をもっておくことも大事だと思います。

トレーニングは「コツコツ」のたまもの

水族館飼育員になるまでの道のり

水族館で働く飼育員になるには、高校卒業後の進路がおもに二つあります。ひとつは、動物や水産系の専門学校です。私立の2年制の学校が多く、いきものによってさまざまなコースに分かれています。水族館の実習をすすめていて、何か所も経験する人もいます。実習生で良い人材がいたら、就職を打診する場合も少なくないようです。もうひとつは、大学に進学して水産学部や海洋学部、農学部、畜産《ちくさん》学部などで学ぶコースです。あまり研究する人がいない分野を学んで、将来、水族館に新風を巻き起こすのもあり。学芸員の資格を取得しておくのもいいでしょう。やはり水族館実習を経験します。一般《いっぱん》の企業《きぎょう》などと違《ちが》って、基本的に欠員が出ないと募集《ぼしゅう》がありません。水族館のホームページで募《ぼ》集《しゅう》をさがして応募《おうぼ》する人が多いようです。臨時職員の募集《ぼしゅう》もあるので、チャレンジしてみるのもいいですね。

公立の場合、地方公務員試験合格が条件の水族館があります。合格しても水族館に配属されるとは限りませんが、専門職として採用されると定年まで水族館で働くことができます。普通《ふつう》自動車免許《めんきょ》を取得しておくと役に立ちます。外国からのお客さんに対応できるように、語学力を身につけることもおすすめします。潜水《せんすい》作業のある施設《しせつ》は、潜水士《せんすいし》の国家資格取得が必要です。取得は、就職してからでも問題ありません。

古くて新しいこれから

水族館は、屋内で規模にかぎりもあるため、比較《ひかく》的リニューアルをしやすい施設《しせつ》です。近年は、おとなのデートスポットとも言われるような、アミューズメント的要素の強い水族館も見られます。より非日常を味わえる空間ともなっていく流れにあると言えます。

一方で、いきものに関しては、新しいものの導入は難しくなっていくかもしれません。新しい、めずらしいは、お客さんをよびこむ第一条件ではなくなりそうです。では、これからは何で勝負をしていくのかといえば、それは、働く人ではないでしょうか。

これからの水族館は飼育員の工夫しだい！

竹島水族館の方の言葉が、わすれられません。

取材の依頼《いらい》で電話をしたとき、取りついでくださった女性は、こう言いました。

「竹島水族館は見かけはボロだけど、中はすばらしいのです。ぜひ取材に来てください」。

竹島水族館の魅力《みりょく》は、そこで働く職員一人ひとりにまで、しっかりと伝わっていました。飼育員が日頃《ひごろ》のコミュニケーションを大切にしていて、ほかの職員からも愛されているのです。身内の応援《おうえん》ほど心強いものはありません。古めかしいようでいて、なんとも新鮮《しんせん》な話です。

たとえば、ただ楽しいだけではなく、学びにくる場、学びたいと思える場として、もっと水族館を活かしていくこと。地域性をアピールしていくこと。それも、古くからあり、これからの時代にふさわしいスタイルを開拓《かいたく》できそうな、新しい話です。

水族館の四つの役割を思い出してみてください。四つをバランスよく向上させていくことができたなら、水族館はいきものにも人にも地球にも、やさしい場となっていくでしょう。やさしい水族館の飼育員になったみなさんに、いつかお会いできるとうれしいです。

熱血館長は30代！伝えることで魚に恩返ししたい

ミニドキュメント 8 水族館飼育員をめざすあなたへのメッセージ

竹《たけ》島《しま》水《すい》族《ぞく》館《かん》 館長《かんちょう》
小《こ》林《ばやし》龍《りゅう》二《じ》さん

小林龍二さんは現在、日本の水族館では最年少の館長だ。２０１５年に34歳《さい》の若さで竹島水族館の館長に就任した。ミニドキュメント6に登場の戸舘真人さんの同志でもある。

蒲郡市出身の小林さんが、子どものころに抱《いだ》いていた、地元竹島水族館のイメージは、華《はな》やかな夢《ゆめ》のような世界。友だちとけんかをしていても、なやみがあっても、ここにいるあいだは全部わすれることができた。

ところが、いざ働く側になってみると、何かが違《ちが》っていた。お客さんの数も少ないけれど、何よりその表情に笑顔が見られない。あわてた小林さんは、一念発起して改革をこころざす……。

この続きは、読者のみなさんへのメッセージとして小林さんに語ってもらった。

人間の研究が大事

竹島水族館は、本当にお金のない水族館でした。うちには大きい魚があまりいません。大きくてりっぱな魚は、高価で手が出ない。小魚を安く買ってきて、自分たちで大きく育てる、というのがモットーでした。いま展示している大きい魚たちは、こうして代々受け継《つ》がれてきたものです。

魚にかぎらず、どんないきものも飼《か》い続けていると愛着がわくし、それぞれの個性もわかってきます。お金のかからない改革の手始めに、自分だけが知っている情報を、画用紙にペンで手書きして発表していきました。それが、のちに魚歴書などに発展します。

観覧エリアでお客さんと交流するのも、苦しまぎれの節約法でした。でも、展示係が個性を発揮して紹介《しょうかい》すると、どこの水族館にでもいるような魚やカメが、アイドルになった。

水族館で働くからには、いきものを研究するのはあたりまえ。それ以上にお客さんが何を望んでいるか、人間の研究が大事です。両方そろえば、どのいきものにも光を当てられるし、お客さんにも喜んでもらえるものです。

魚に助けられた高校時代

いまでこそお客さん主義ですが、以前のぼくは、人をあまり好きではありませんでした。みんながサッカーをしている休み時間、教室で一人、金魚をながめているような子でした。

ただ、ずっと家で魚を飼《か》っていたので、熱帯魚ショップによく出入りをしていました。高校生になると、常連客どうしで魚を通して話をするようになり、打ち解けていきました。

同時に魚の気持ちを思うように、人の気持ちも考えられるようになった。人とつきあう楽しさ、豊かさを、魚が教えてくれたのです。

魚を飼《か》っていなければ、内向的な性格のまま、いまとぜんぜん違《ちが》う人生を歩んでいたかもしれない。ぼくは魚に助けられました。

欠点の多い竹島水族館を改革しながら、自分自身もさらに変わっていきました。魚に感謝しています。多くの人に魚のすばらしさを伝え、興味を持ってもらえるようにすることで、魚に恩返しをしたい。そう思っています。

水族館のない世の中が理想です

ぼくが究極の理想とする水族館の姿、それは水族館が役目を終えて、なくなることです。だれもがいきものの魅力《みりょく》を十分知っている。命や自然について、考えながらくらせる。だ

解説パネルはおとなの目の高さにある

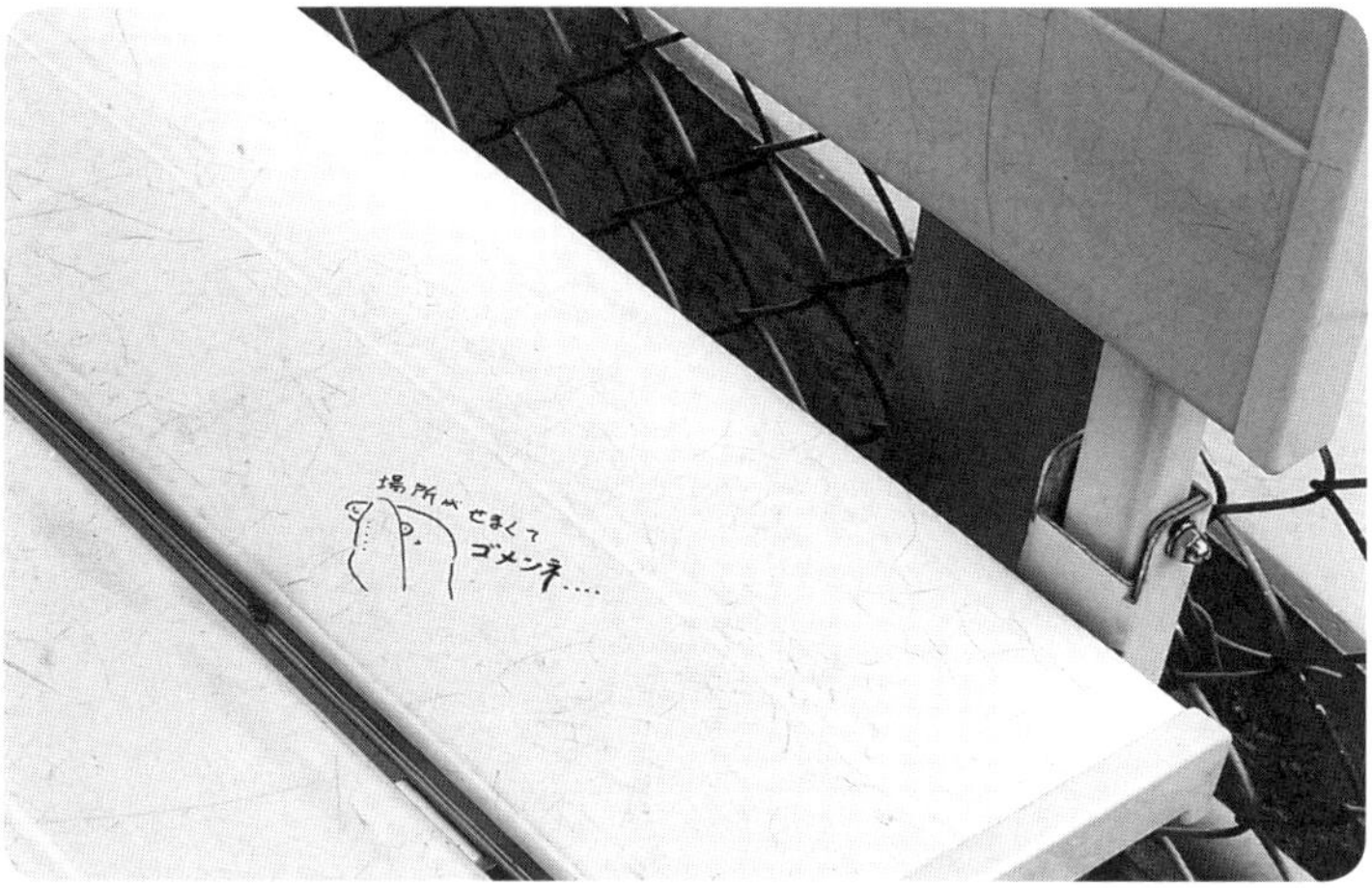

アシカショーのステージのベンチに水族館からのメッセージ

から、もう水族館はいらないよ、となること。いまはまだ、水族館が伝えていくべき段階です。飼育員は、いきものとお客さんの橋渡《わた》しをする立場。飼育技術とはべつに、人間力、コミュニケーション能力、伝達技術も求められています。

若い人は、いい部分だけ見て飼育員にあこがれるようですが、体力面も精神面も軟弱《なんじゃく》だと感じます。実際はつらい仕事、きつい仕事も多いのです。「全部ふくめて大好きだ！」という人でないと務まりません。そしてやはり、人を好きじゃないとできない。

これからめざす人は、何か自分で飼《か》ってみることです。お客さんがいちばん見たいのは、いきものの元気で美しい姿です。死なせないように工夫するのも、死んで悲しい思いをするのも大切な経験。必ず役に立つでしょう。

フローチャート　動物園飼育員

高等学校（農業系もふくむ）

↓

動物の専門学校　／　畜産系や農業系の大学

↓

動物園の職員採用試験

↓

動物園飼育員

※公的な施設への就職は、地方公共団体の行う採用試験に合格すること

フローチャート　水族館飼育員

高等学校（水産系、農業系もふくむ）

↓

動物や水産系の専門学校　／　水産系、海洋系、農業系、畜産系の大学

↓

水族館の職員採用試験

↓

水族館飼育員

※公的な施設への就職は、地方公共団体の行う採用試験に合格すること

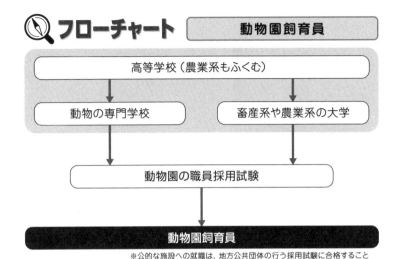

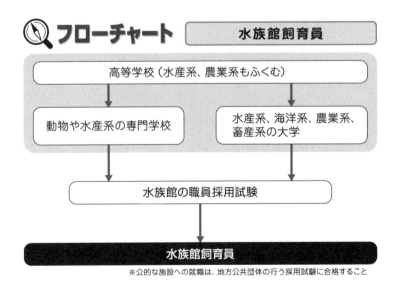

なるにはブックガイド

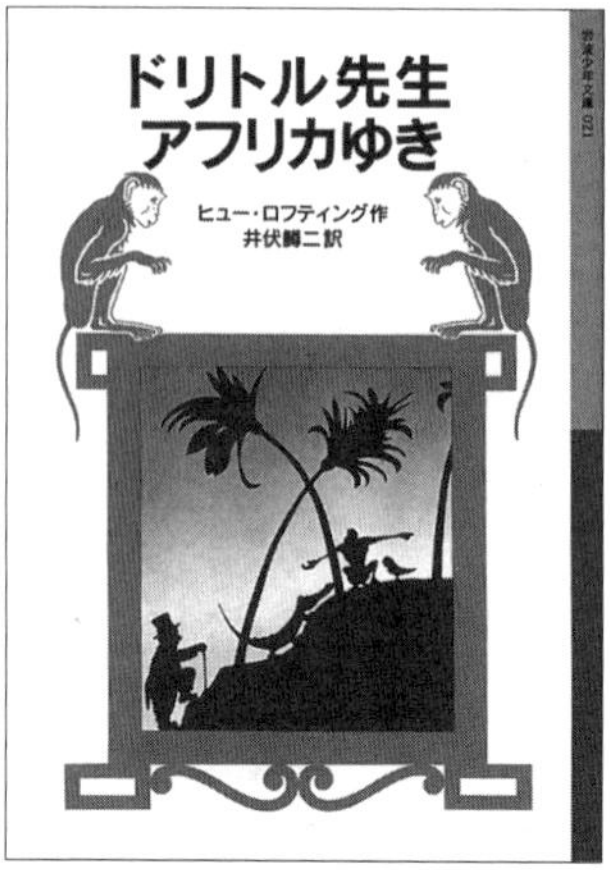

『ドリトル先生物語』シリーズ
ヒュー・ロフティング作　井伏鱒二訳
岩波書店

動物語を話す医師のドリトル先生と動物たちの、ゆかいな家族の物語集。動物のよき理解者である、ドリトル先生の精神は、飼育員にも通じる。動物とともに生きる喜びを素直に感じて。

『動物園のなにげない一日』
みやこしさとし著
創風社出版

著者は、愛媛県立とべ動物園の現役飼育員。動物と飼育員の心なごむエピソードを、得意の漫画で紹介。絵も解説文も誠実で、動物園愛にあふれる。飼育動物以外の野鳥や昆虫とのからみも楽しい。

『決定版　日本水族館紀行』
島泰三文　阿部雄介写真
木楽舎

日本の水族館のなかから選りすぐりの63の施設を紹介。大判の判型で、水族館での体験記と美しい写真をゆったり味わえる。展示空間全体をおさめた写真から、水族館という施設が客観的に見える。

『木』
幸田文著
新潮社

著者が訪ねた日本各地の木と人びとにまつわるエッセー。もの言わぬ木を知りつくし心を通わす、営林署の職員や製材職人。その姿が飼育員と重なり胸を打つ。あらゆる生物との交流のすすめに。

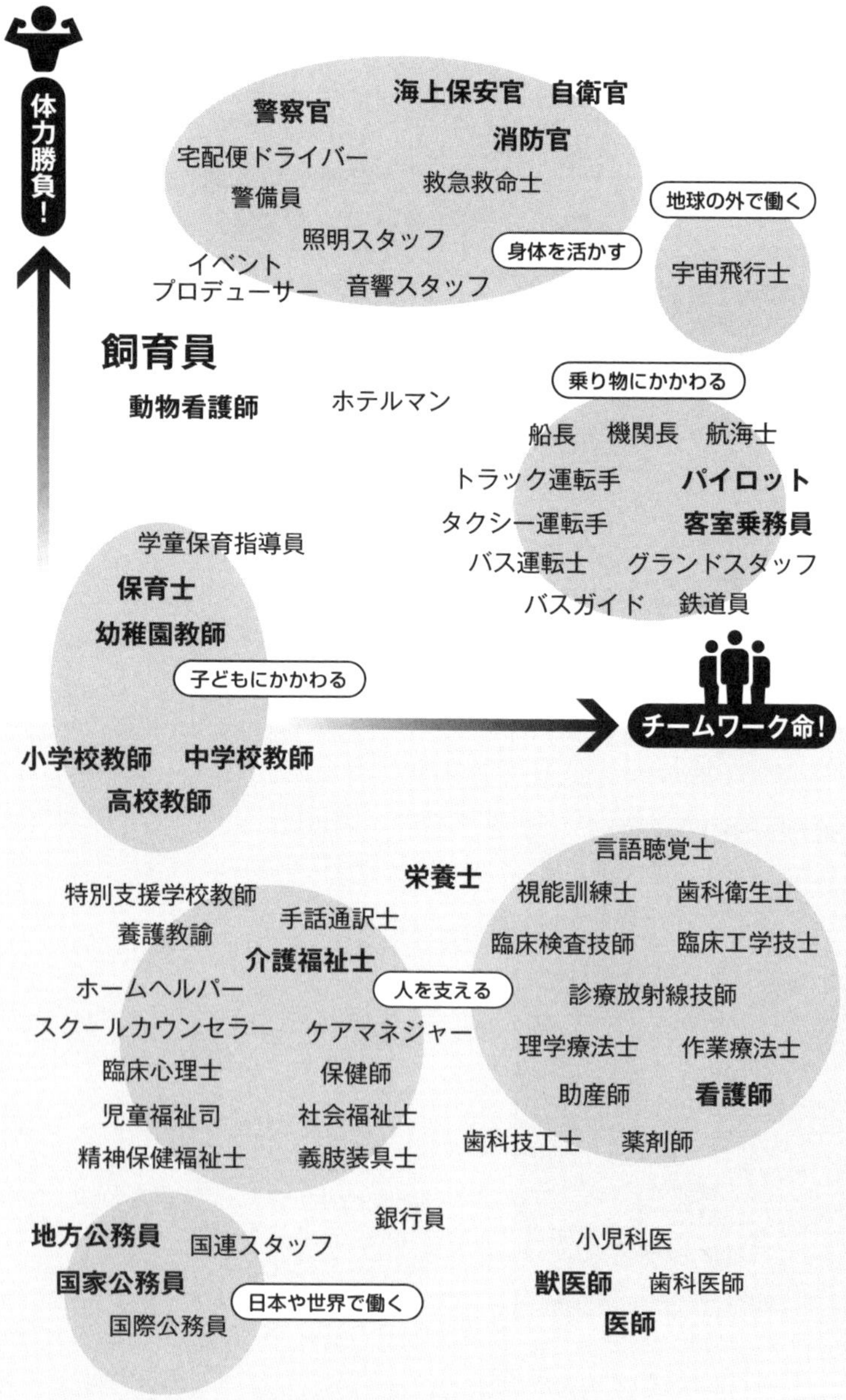
体力勝負!
チームワーク命!
身体を活かす
海上保安官
自衛官
警察官
消防官
宅配便ドライバー
救急救命士
警備員
照明スタッフ
イベントプロデューサー
音響スタッフ
地球の外で働く
宇宙飛行士
飼育員
動物看護師
ホテルマン
乗り物にかかわる
船長
機関長
航海士
トラック運転手
パイロット
タクシー運転手
客室乗務員
バス運転士
グランドスタッフ
バスガイド
鉄道員
子どもにかかわる
学童保育指導員
保育士
幼稚園教師
小学校教師
中学校教師
高校教師
人を支える
栄養士
特別支援学校教師
手話通訳士
養護教諭
介護福祉士
ホームヘルパー
スクールカウンセラー
ケアマネジャー
臨床心理士
保健師
児童福祉司
社会福祉士
精神保健福祉士
義肢装具士
言語聴覚士
視能訓練士
歯科衛生士
臨床検査技師
臨床工学技士
診療放射線技師
理学療法士
作業療法士
助産師
看護師
歯科技工士
薬剤師
日本や世界で働く
銀行員
地方公務員
国連スタッフ
国家公務員
国際公務員
小児科医
獣医師
歯科医師
医師

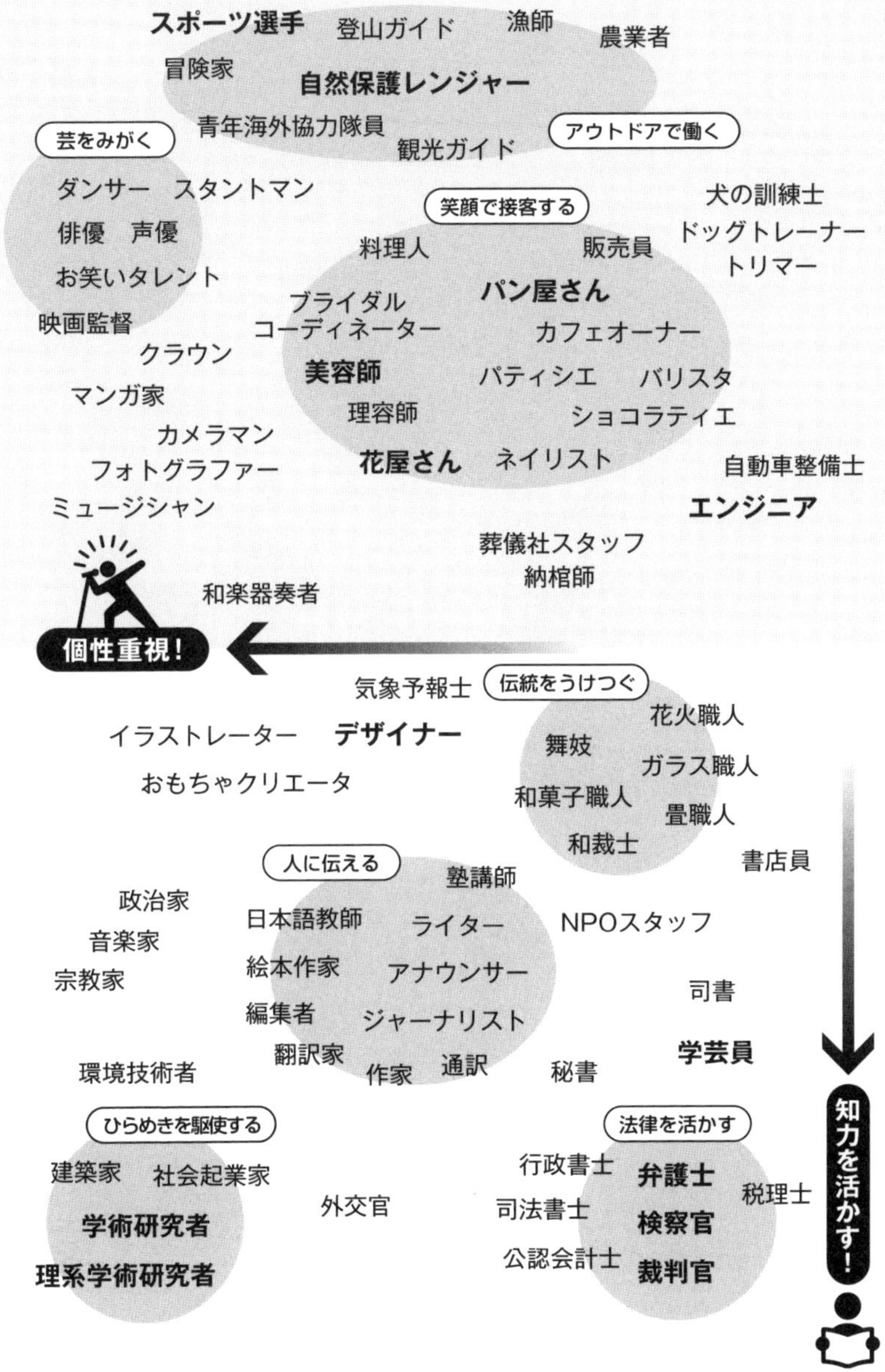
スポーツ選手
登山ガイド
漁師
農業者
冒険家
自然保護レンジャー
青年海外協力隊員
観光ガイド
アウトドアで働く
芸をみがく
ダンサー
スタントマン
俳優
声優
お笑いタレント
映画監督
クラウン
マンガ家
カメラマン
フォトグラファー
ミュージシャン
和楽器奏者
笑顔で接客する
料理人
販売員
パン屋さん
ブライダルコーディネーター
カフェオーナー
美容師
パティシエ
バリスタ
理容師
ショコラティエ
花屋さん
ネイリスト
犬の訓練士
ドッグトレーナー
トリマー
自動車整備士
エンジニア
葬儀社スタッフ
納棺師
個性重視！
気象予報士
伝統をうけつぐ
花火職人
舞妓
ガラス職人
和菓子職人
畳職人
和裁士
イラストレーター
デザイナー
おもちゃクリエータ
書店員
人に伝える
塾講師
政治家
日本語教師
ライター
NPOスタッフ
音楽家
宗教家
絵本作家
アナウンサー
編集者
ジャーナリスト
司書
翻訳家
作家
通訳
秘書
学芸員
環境技術者
ひらめきを駆使する
建築家
社会起業家
学術研究者
理系学術研究者
外交官
法律を活かす
行政書士
弁護士
司法書士
検察官
税理士
公認会計士
裁判官
知力を活かす！

［著者紹介］

高岡昌江（たかおか　まさえ）

1966年愛媛県生まれ。フリーの編集者・ライター。子ども向けのいきものの本をおもにつくっている。『ほんとのおおきさシリーズ』『ライオンのおじいさん、イルカのおばあさん』（学研）、『ずら〜りイモムシ』（アリス館）、『色の大研究①③』（岩崎書店）、『しごと場見学！ 動物園・水族館で働く人たち』（ぺりかん社）、『ジンベエザメのはこびかた』（ほるぷ出版）などの著書がある。

動《どう》物《ぶつ》園《えん》飼《し》育《いく》員《いん》・水《すい》族《ぞく》館《かん》飼《し》育《いく》員《いん》になるには

2017年 1月25日　初版第1刷発行
2020年 5月10日　初版第3刷発行

著　者　高岡昌江
発行者　廣嶋武人
発行所　株式会社ぺりかん社
〒113-0033　東京都文京区本郷1-28-36
TEL 03-3814-8515（営業）
03-3814-8732（編集）
http://www.perikansha.co.jp/
印刷所　株式会社太平印刷社
製本所　株式会社鶴亀製本

ISBN978-4-8315-1457-8　Printed in Japan

＊「なるにはBOOKS」シリーズは重版の際、最新の情報をもとに、データを更新しています。

【なるにはBOOKS】

税別価格 1170円〜1600円

1——パイロット
2——客室乗務員
3——ファッションデザイナー
4——冒険家
5——美容師・理容師
6——アナウンサー
7——マンガ家
8——船長・機関長
9——映画監督
10——通訳者・通訳ガイド
11——グラフィックデザイナー
12——医師
13——看護師
14——料理人
15——俳優
16——保育士
17——ジャーナリスト
18——エンジニア
19——司書
20——国家公務員
21——弁護士
22——工芸家
23——外交官
24——コンピュータ技術者
25——自動車整備士
26——鉄道員
27——学術研究者(人文・社会科学系)
28——公認会計士
29——小学校教師
30——音楽家
31——フォトグラファー
32——建築技術者
33——作家
34——管理栄養士・栄養士
35——販売員・ファッションアドバイザー
36——政治家
37——環境スペシャリスト
38——印刷技術者
39——美術家
40——弁理士
41——編集者
42——陶芸家
43——秘書
44——商社マン
45——漁師
46——農業者
47——歯科衛生士・歯科技工士
48——警察官
49——伝統芸能家
50——鍼灸師・マッサージ師
51——青年海外協力隊員
52——広告マン
53——声優
54——スタイリスト
55——不動産鑑定士・宅地建物取引主任者
56——幼稚園教諭
57——ツアーコンダクター
58——薬剤師
59——インテリアコーディネーター
60——スポーツインストラクター
61——社会福祉士・精神保健福祉士
62——中小企業診断士
63——社会保険労務士
64——旅行業務取扱管理者
65——地方公務員
66——特別支援学校教師
67——理学療法士
68——獣医師
69——インダストリアルデザイナー
70——グリーンコーディネーター
71——映像技術者
72——棋士
73——自然保護レンジャー
74——力士
75——宗教家
76——CGクリエータ
77——サイエンティスト
78——イベントプロデューサー
79——パン屋さん
80——翻訳家
81——臨床心理士
82——モデル
83——国際公務員
84——日本語教師
85——落語家
86——歯科医師
87——ホテルマン
88——消防官
89——中学校・高校教師
90——動物看護師
91——ドッグトレーナー・犬の訓練士
92——動物園飼育員・水族館飼育員
93——フードコーディネーター
94——シナリオライター・放送作家
95——ソムリエ・バーテンダー
96——お笑いタレント
97——作業療法士
98——通関士
99——杜氏
100——介護福祉士
101——ゲームクリエータ
102——マルチメディアクリエータ
103——ウェブクリエータ
104——花屋さん
105——保健師・養護教諭
106——税理士
107——司法書士
108——行政書士
109——宇宙飛行士
110——学芸員
111——アニメクリエータ
112——臨床検査技師
113——言語聴覚士
114——自衛官
115——ダンサー
116——ジョッキー・調教師
117——プロゴルファー
118——カフェオーナー・カフェスタッフ・バリスタ
119——イラストレーター
120——プロサッカー選手
121——海上保安官
122——競輪選手
123——建築家
124——おもちゃクリエータ
125——音響技術者
126——ロボット技術者
127——ブライダルコーディネーター
128——ミュージシャン
129——ケアマネジャー
130——検察官
131——レーシングドライバー
132——裁判官
133——プロ野球選手
134——パティシエ
135——ライター
136——トリマー
137——ネイリスト
138——社会起業家
139——絵本作家
140——銀行員
141——警備員・セキュリティスタッフ
142——観光ガイド
143——理系学術研究者
144——気象予報士・予報官
145——ビルメンテナンススタッフ
146——義肢装具士
147——助産師
148——グランドスタッフ
149——診療放射線技師
150——視能訓練士
151——バイオ技術者・研究者
152——救急救命士
153——臨床工学技士
154——講談師・浪曲師
補巻16 アウトドアで働く
補巻17 イベントの仕事で働く
補巻18 東南アジアで働く
補巻19 魚市場で働く
補巻20 宇宙・天文で働く
補巻21 医薬品業界で働く
補巻22 スポーツで働く
補巻23 証券・保険業界で働く
補巻24 福祉業界で働く
補巻25 教育業界で働く
別巻 中高生からの選挙入門
別巻 小中高生におすすめの本300
別巻 学校図書館はカラフルな学びの場
別巻 東京物語散歩100
別巻 大人になる前に知る 命のこと
別巻 大人になる前に知る 性のこと
別巻 学校司書と学ぶレポート・論文作成ガイド
学部調べ 看護学部・保健医療学部
学部調べ 理学部・理工学部
学部調べ 社会学部・観光学部
学部調べ 文学部
学部調べ 工学部
学部調べ 法学部
学部調べ 教育学部
学部調べ 医学部
学部調べ 経営学部・商学部
学部調べ 獣医学部
学部調べ 栄養学部
学部調べ 外国語学部

※一部品切・改訂中です。 2020.02.